江苏省"十四五"时期重点出版物出版专项规划项目

水工岩土力学与防灾减灾丛书

丛书主编◎徐卫亚　邵建富

# 黄登倾倒变形体变形
# 破坏机理及安全性评价

徐卫亚　周伟杰　赵旭菲　陈鸿杰　杨兰兰　孙梦成　程振东◎著

河海大学出版社
HOHAI UNIVERSITY PRESS
·南京·

**图书在版编目(CIP)数据**

黄登倾倒变形体变形破坏机理及安全性评价 / 徐卫
亚等著. -- 南京：河海大学出版社，2023.12
（水工岩土力学与防灾减灾丛书 / 徐卫亚，邵建富
主编）
ISBN 978-7-5630-8535-4

Ⅰ. ①黄… Ⅱ. ①徐… Ⅲ. ①水力发电站－倾倒－变
形－破坏机理－研究－兰坪县②水力发电站－倾倒－变形
－安全评价－研究－兰坪县 Ⅳ. ①TV74

中国国家版本馆 CIP 数据核字(2023)第 223213 号

| | | |
|---|---|---|
| 书　　名 | 黄登倾倒变形体变形破坏机理及安全性评价 | |
| | HUANGDENG QINGDAO BIANXINGTI BIANXING POHUAI JILI JI ANQUANXING PINGJIA | |
| 书　　号 | ISBN 978-7-5630-8535-4 | |
| 策划编辑 | 朱婵玲 | |
| 责任编辑 | 卢蓓蓓 | |
| 特约编辑 | 邱　妍 | |
| 特约校对 | 李　阳 | |
| 装帧设计 | 徐娟娟 | |
| 出版发行 | 河海大学出版社 | |
| 网　　址 | http://www.hhup.com | |
| 地　　址 | 南京市西康路 1 号(邮编:210098) | |
| 电　　话 | (025)83737852(总编室)　(025)83722833(营销部) | |
| 经　　销 | 江苏省新华发行集团有限公司 | |
| 排　　版 | 南京布克文化发展有限公司 | |
| 印　　刷 | 广东虎彩云印刷有限公司 | |
| 开　　本 | 718 毫米×1000 毫米　1/16 | |
| 印　　张 | 12.25 | |
| 字　　数 | 207 千字 | |
| 版　　次 | 2023 年 12 月第 1 版 | |
| 印　　次 | 2023 年 12 月第 1 次印刷 | |
| 定　　价 | 98.00 元 | |

# 目录
CONTENTS

**第一章　概　论** ················································ 001
　1.1　黄登水电站倾倒变形体特征 ······························· 003
　1.2　主要研究内容 ········································· 004

**第二章　倾倒变形体渗流力学特性试验** ·························· 007
　2.1　试验设备与试样制备 ··································· 009
　2.2　试验方案 ············································ 011
　2.3　试验过程 ············································ 011
　2.4　试验结果分析 ········································ 013

**第三章　倾倒变形体弯曲倾倒模型** ······························ 025
　3.1　弯曲倾倒破坏力学模型 ································· 027
　3.2　挠度分析 ············································ 031
　3.3　失稳模式与稳定性 ····································· 033
　3.4　模型验证 ············································ 035
　3.5　影响因素分析 ········································ 037

**第四章　倾倒变形体断裂力学特性及能量判据** ···················· 041
　4.1　V形切槽巴西圆盘试验 ·································· 043
　4.2　断裂韧度计算 ········································ 049
　4.3　基于能量原理的弯曲折断判据 ···························· 050
　4.4　弯曲折断破坏判定方法 ································· 054

第五章　倾倒变形体地震稳定性分析 ┈┈┈┈┈┈┈┈┈┈┈┈┈ 057

　　5.1　地震作用下稳定性分析 ┈┈┈┈┈┈┈┈┈┈┈┈┈┈┈ 059

　　　　5.1.1　匹配规范设计谱的设计地震动 ┈┈┈┈┈┈┈ 059

　　　　5.1.2　数值模型构建 ┈┈┈┈┈┈┈┈┈┈┈┈┈┈┈ 060

　　　　5.1.3　计算工况及参数 ┈┈┈┈┈┈┈┈┈┈┈┈┈┈ 062

　　　　5.1.4　动力响应规律 ┈┈┈┈┈┈┈┈┈┈┈┈┈┈┈ 063

　　　　5.1.5　地震作用下动力稳定性分析 ┈┈┈┈┈┈┈┈ 066

　　5.2　水动力和地震稳定性评价 ┈┈┈┈┈┈┈┈┈┈┈┈┈ 073

　　　　5.2.1　设计安全系数 ┈┈┈┈┈┈┈┈┈┈┈┈┈┈┈ 073

　　　　5.2.2　水动力作用计算方案 ┈┈┈┈┈┈┈┈┈┈┈ 074

　　　　5.2.3　计算结果与分析 ┈┈┈┈┈┈┈┈┈┈┈┈┈┈ 075

　　　　5.2.4　地震与水动力共同作用分析 ┈┈┈┈┈┈┈┈ 084

　　　　5.2.5　锚索支护分析 ┈┈┈┈┈┈┈┈┈┈┈┈┈┈┈ 086

　　5.3　安全性评价 ┈┈┈┈┈┈┈┈┈┈┈┈┈┈┈┈┈┈┈┈ 089


第六章　倾倒变形体安全监测资料相关性分析 ┈┈┈┈┈┈┈ 091

　　6.1　监测资料 ┈┈┈┈┈┈┈┈┈┈┈┈┈┈┈┈┈┈┈┈┈ 093

　　　　6.1.1　表面位移特征 ┈┈┈┈┈┈┈┈┈┈┈┈┈┈┈ 094

　　　　6.1.2　深部位移特征 ┈┈┈┈┈┈┈┈┈┈┈┈┈┈┈ 095

　　6.2　监测数据预处理 ┈┈┈┈┈┈┈┈┈┈┈┈┈┈┈┈┈ 096

　　　　6.2.1　监测数据异常信息识别 ┈┈┈┈┈┈┈┈┈┈ 097

　　　　6.2.2　IUF－FIF法数据预处理 ┈┈┈┈┈┈┈┈┈┈ 099

　　6.3　基于Spearman的变形双变量相关性分析 ┈┈┈┈┈ 110

　　　　6.3.1　监测数据清洗及检验 ┈┈┈┈┈┈┈┈┈┈┈ 111

　　　　6.3.2　变形双变量相关性分析 ┈┈┈┈┈┈┈┈┈┈ 115

　　6.4　基于灰色关联的变形相关性分析 ┈┈┈┈┈┈┈┈┈ 122


第七章　倾倒变形体变形预测 ┈┈┈┈┈┈┈┈┈┈┈┈┈┈┈ 127

　　7.1　基于机器学习的变形预测 ┈┈┈┈┈┈┈┈┈┈┈┈┈ 129

　　　　7.1.1　LM－BP神经网络模型 ┈┈┈┈┈┈┈┈┈┈┈ 129

　　　7.1.2　SVR 模型 ·················· 129

　　　7.1.3　预测预报 ·················· 130

　7.2　基于 RNN 和 ARIMA 与 LSTM 组合模型的变形预测 ········ 132

　　　7.2.1　预测位移选择 ·················· 132

　　　7.2.2　循环神经网络模型预测 ·················· 133

　　　7.2.3　ARIMA 与 LSTM 组合模型预测 ·················· 136

　　　7.2.4　位移预测对比分析 ·················· 152

第八章　倾倒变形体数据融合安全性评价 ·················· 155

　8.1　D-S 证据理论安全性评价 ·················· 157

　　　8.1.1　D-S 证据理论原理 ·················· 157

　　　8.1.2　改进的 D-S 证据理论 ·················· 160

　　　8.1.3　安全评价分析 ·················· 164

　8.2　复合云模型多层次安全评价 ·················· 168

　　　8.2.1　云模型理论 ·················· 169

　　　8.2.2　DEMATEL-CRITIC 组合赋权 ·················· 172

　　　8.2.3　安全评价的复合云模型 ·················· 176

参考文献 ·················· 186

# 第一章　概论

## 1.1 黄登水电站倾倒变形体特征

澜沧江流域黄登水电站位于云南兰坪县澜沧江上游河段,是澜沧江上游河段曲孜卡—黄登规划梯级的第六级水电站,上游为托巴水电站,下游为大华桥水电站。黄登水电站水库区为高山峡谷地貌,地势总体北高南低,地形切割强烈,工程地质条件复杂。

大坝为碾压混凝土重力坝,最大坝高 203[①] m。坝址区河谷狭窄,呈"V"字形,两岸地形基本对称,山坡自然坡度陡峭,一般大于 45°;两岸高程 1 950 m 以上局部均有相对缓坡,坡度一般为 15°~35°。

1# 倾倒变形体位于库段近坝库岸坝址右岸上游约 750 m 处(图 1-1),上游部分分布高程 1 480 m~1 840 m,下游部分分布高程 1 650 m~1 910 m,宽度约 400 m~500 m,方量约 700×10⁴ m³~800×10⁴ m³。倾倒变形体坡积层由块石和碎石质粉土组成,地层主要为三叠系上统小定西组浅变质火山岩系。1# 倾倒变形体分布区河谷总体方向为 NNE,岸坡延伸方向与地层走向近于平行,岩层陡倾坡内,属较典型的纵向谷逆向坡,具备岩体侧向倾倒变形的地形临空条件;斜坡岩体下部主要由似层状浅变质火山碎屑岩及片理化变质凝灰岩条带构成,地层及片理走向(10°N~20°E)与坡面近于平行,倾向坡内,上硬下软。1# 倾倒变形体受后缘及底界"弯—折"变形控制,主要由强倾倒和极强倾倒岩体组成,弱倾倒变形不甚发育。倾倒变形体地下水主要赋存于裂隙及构造带之中的裂隙性潜水,少部分赋存于第四系松散层中的孔隙性潜水,地下水补给来源主要为大气降水,少部分为冰川融化的冰水补给,澜沧江河床是地下水的排泄基准面。图 1-2 为 1# 倾倒变形体地质剖面图。

黄登水电站库岸 1# 倾倒变形体受自然地质作用和工程作用向临空方向弯曲,形成了纵向谷逆向坡的反倾层状结构岩体。在库水位升降、降雨等联合作用下,1# 倾倒变形体物理力学参数仍在不断劣化,变形监测显示,1# 倾倒变形体在水电站 1 期、2 期蓄水过程中前缘出现局部垮塌与大变形,在降雨和库水位变动条件下,倾倒变形体的安全稳定性直接关系到工程安全运行和库区生态环境。

---

① 全书因四舍五入,数据存在一定偏差。

图 1-1　澜沧江黄登水电站 1# 倾倒变形体

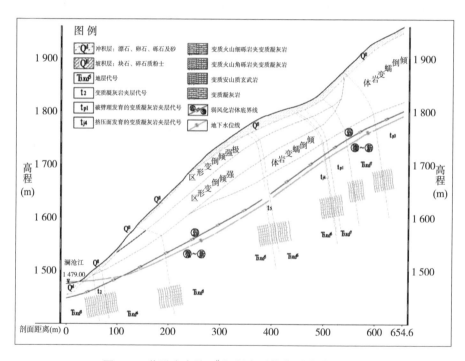

图 1-2　黄登水电站 1# 倾倒变形体典型地质剖面图

## 1.2　主要研究内容

　　倾倒变形体作为一种澜沧江流域中上区域普遍发育的不稳定变形边坡岩体,其变形破坏机理和失稳模式与常规的倾倒变形体破坏模式不同,采用针对

滑坡滑移的分析方法不能准确有效评价其安全性,需要开展系统深入的专题分析和研究。本书主要研究内容包括:

1）倾倒变形体渗流力学特性

开展黄登水电站坝前 1# 倾倒变形体变质角砾岩和变质凝灰岩三轴力学试验及三轴渗流-应力耦合试验研究,测定了两种岩石在不同渗压条件下的强度与变形参数,分析了水动力作用对试样强度参数、变形参数、渗透特性以及破坏模式的影响,分析水动力作用对倾倒变形体力学特性的弱化机制。

2）倾倒变形体弯曲倾倒模型

开展水动力作用下倾倒变形体理论研究,基于悬臂梁理论提出了岩板折断的最大拉应力判据、折断深度、挠度及安全系数表达式。基于 1# 倾倒变形体野外原位安全监测 GNSS 监测数据验证了悬臂梁模型的适用性。

3）倾倒变形体断裂力学特性及能量判据

开展黄登水电站坝前 1# 倾倒变形体两种岩石的 V 形切槽巴西圆盘试验,标定了两种岩石的断裂韧度。基于能量释放原理提出岩板折断的能量释放率判据与折断深度表达式。

4）1# 倾倒变形体地震稳定性分析

基于 1# 倾倒变形体变形破坏机理分析的研究成果,进行了水动力作用及地震作用下 1# 倾倒变形体的安全性复核。在分析倾倒变形体动力响应规律的基础上,建立了基于剪应变和主拉应变损伤理论的 1# 倾倒变形体安全性评价方法。进行水动力作用及地震动力作用下的稳定性分析,研究了锚索支护措施对其稳定性的影响。

5）黄登 1# 倾倒体安全监测资料相关性分析

基于实际原位监测数据,对 1# 倾倒变形体位移监测数据进行分析,探讨倾倒变形体变形控制因素。针对倾倒变形体安全监测数据特征及传统异常信息判定方法和缺失数据插值方法的不足,提出一种倾倒变形体安全监测数据异常信息检验及缺失值补全的 IUF-FIF 法。

6）黄登 1# 倾倒变形体变形预测

针对黄登水电站 1# 倾倒变形体位移变形,应用循环神经网络模型和组合位移模型对监测点位移进行预测,验证对比其预测效果的准确性与有效性。

7）基于数据融合分析的黄登 1# 倾倒体安全性评价

倾倒变形体的安全评价作为不确定多源信息融合问题,综合考虑确定倾倒变形体相关评价因素:表面位移、深部位移、锚杆应力、渗压,利用改进的 D-S 证据理论结合监测信息进行融合安全性评价。通过改进传统云模型形成复合云模型,对 1# 倾倒变形体进行安全综合评价。

　　西南地区是我国水电工程国家战略发展的集中地,澜沧江干流水电基地规划建设有 21 级水电站。近库坝区往往发育有大量的堆积体滑坡,滑坡在降雨、库水位升降等水动力条件的作用下,存在发生水动力型不稳定坡体失稳破坏及连锁反应的灾害链,成为威胁水电工程安全和生态环境安全的重大隐患。为保障大型水电工程的安全运行、保护库区生态环境、防灾减灾,有必要系统开展高坝大库水动力型滑坡特别是大型倾倒变形体致灾机理、稳定分析及风险防控的深入研究。本著作是澜沧江流域黄登-大华桥库区黄登水电站近坝 1# 倾倒变形体的工程实际应用研究案例,分别对 1# 倾倒变形体渗流力学特性、弯曲倾倒模型、变形破坏规律、静动力稳定性评价、安全监测等开展了系统的研究。本书中工程案例的研究有利于掌握水动力条件在倾倒变形体的孕育、形成、发展、运动中的作用机制,为水动力型特大滑坡的长期风险控制研究提供技术支撑,不仅具有重要的理论和科学研究价值,也具有重大的工程实践意义。

　　本研究依托国家自然科学基金重点项目"高坝大库水动力型滑坡致灾机理研究"(51939004)、国家重点研发计划"水动力型特大滑坡灾害致灾机理与风险防控关键技术研究"(2017YFC1501100)和国家自然科学基金"大型冰水滑坡堆积体力学参数及变形破坏机理研究"(11772118),结合中国华能集团有限公司重点项目"黄登-大华桥库区典型滑坡变形失稳机理与防治技术深化研究"开展。本著作的撰写出版得到了华能澜沧江水电股份有限公司、中国电建集团昆明勘测设计研究院有限公司等单位的支持和帮助,著作中引用了部分工程勘测设计运行资料及前期科研成果,研究工作中得到了有关专家学者和工程技术人员的大力帮助和指导,在此一并致谢。

# 第二章

# 倾倒变形体渗流力学特性试验

开展黄登水电站 $1^{\#}$ 倾倒变形体在库水位作用下的物理力学参数研究,可以明确岩体在复杂应力作用下物理力学特性变化规律。在 $1^{\#}$ 倾倒变形体现场采集了变质角砾岩与变质凝灰岩岩芯,加工试验所需的标准圆柱样,开展了三轴渗流-应力耦合力学试验,从倾倒变形体强度、变形、渗透及破坏模式等角度分析了渗压作用的影响。

## 2.1 试验设备与试样制备

三轴力学试验在室内岩石全自动三轴流变伺服仪上进行,如图 2-1 所示。伺服仪由压力室、加压系统、稳压系统、液压传递系统及数据采集系统组成,可进行单轴压缩试验、三轴压缩试验、渗透试验、流变试验及渗流-应力耦合力学试验等。该系统通过三个高精度液压泵分别控制轴压(最大偏压 500 MPa)、围压(最大 50 MPa)和渗压(最大 60 MPa),通过 LVDT 装置和应变测量环每隔 5 s 自动记录实时轴向应变和环向应变。

**图 2-1 岩石全自动三轴渗流流变试验系统**

选取黄登水电站坝址区 1# 倾倒变形体现场取得的变质角砾岩（图 2-2(a)）和变质凝灰岩岩芯（图 2-2(b)），根据国际岩石力学学会（ISRM）建议，将试样制作为截面直径 50 mm，高度 100 mm 的标准圆柱样。制作完成的试样物理参数如表 2-1 所示，其中 J1 至 J6 为变质角砾岩试样，N1 至 N6 为变质凝灰岩试样。

（a）变质角砾岩岩芯　　　　　　　　　（b）变质凝灰岩岩芯

**图 2-2　黄登水电站坝址区 1# 倾倒变形体岩芯**

**表 2-1　1# 倾倒变形体两种岩芯试样的物理参数**

| 试样编号 | 直径(mm) | 高度(mm) | 质量(g) | 密度(g·cm⁻³) |
|---|---|---|---|---|
| J1 | 50.21 | 99.99 | 537.20 | 2.71 |
| J2 | 50.06 | 100.26 | 523.60 | 2.73 |
| J3 | 50.24 | 99.93 | 540.80 | 2.73 |
| J4 | 50.09 | 100.24 | 538.40 | 2.73 |
| J5 | 50.00 | 100.29 | 543.10 | 2.72 |
| J6 | 50.20 | 100.12 | 541.00 | 2.76 |
| N1 | 50.11 | 100.54 | 551.00 | 2.78 |
| N2 | 50.14 | 100.28 | 551.50 | 2.79 |

| 试样编号 | 直径(mm) | 高度(mm) | 质量(g) | 密度(g·cm⁻³) |
|---|---|---|---|---|
| N3 | 49.99 | 100.35 | 549.10 | 2.79 |
| N4 | 50.23 | 100.59 | 552.6 | 2.77 |
| N5 | 50.31 | 99.46 | 549.70 | 2.78 |
| N6 | 49.95 | 99.78 | 543.70 | 2.78 |

## 2.2　试验方案

　　为研究 1# 倾倒变形体岩体在渗压作用下的力学特性变化,开展 1# 倾倒变形体岩体常规三轴试验和三轴渗流-应力耦合试验,试验加载方案如表 2-2 所示。

表 2-2　1# 倾倒变形体两种岩石三轴力学试验方案

| 试样编号 | 围压(MPa) | 渗压(MPa) | 加载速率(mm·min⁻¹) |
|---|---|---|---|
| J1 | 1 | 0 | 0.02 |
| J2 | 3 | 0 | 0.02 |
| J3 | 5 | 0 | 0.02 |
| J4 | 1 | 0.5 | 0.02 |
| J5 | 3 | 0.5 | 0.02 |
| J6 | 5 | 0.5 | 0.02 |
| N1 | 1 | 0 | 0.02 |
| N2 | 3 | 0 | 0.02 |
| N3 | 5 | 0 | 0.02 |
| N4 | 1 | 0.5 | 0.02 |
| N5 | 3 | 0.5 | 0.02 |
| N6 | 5 | 0.5 | 0.02 |

## 2.3　试验过程

　　常规三轴压缩试验试样准备:对进行试验的岩样采用电子天平称重,用游标卡尺测量试样的横截面直径与高度(测量试样两头与中部直径取平均值为试样的横截面直径,每 90° 测量试样底部到顶部距离取四次测量值的平均值为试样高度),并记录测量数据;用数码相机拍摄照片。

进行三轴渗流-应力耦合试验试样准备:将试样饱水(将岩石试样放入真空抽气罐中,开启真空泵抽气使罐中处于 0.098 MPa 以上的真空);使用橡皮管通过内外压差使蒸馏水流进罐中,并淹没试样 2 cm 以上;取下盖板,将试样浸泡在水中保持饱和状态 24 h;对岩样进行称重、拍照,以及尺寸的测量(测量试样两头与中部直径取平均值为试样的横截面直径,每 90°测量试样底部到顶部距离取四次测量值的平均值为试样高度);记录测量的数据。

基于既定试验方案与试样准备工作,开展黄登水电站 1# 倾倒变形体两种岩性(变质角砾岩与变质凝灰岩)岩石常规三轴压缩试验与三轴渗流-应力耦合试验。

常规三轴压缩试验步骤如下:

(1) 将试样套入直径为 50 mm 的高性能橡皮膜,安装底座环和环向应变环,环向应变环装于试样中部;在试样上下两端各放入一块金属透水石,并将试样固定于压力室底座。

(2) 将压力室进行加压抬升,至最高点后将固定螺丝固定在底座下部,保证压力室处于密闭状态。

(3) 通过阀门控制液压泵,将液压油泵入并充填压力室的空余部分;施加围压,伺服仪将自动维持围压稳定。

(4) 轴向加载前确保试样与顶部活塞接触。进行轴向试压,若见轴向应变值增加即表明试样与活塞已接触。

(5) 加载方式采用应变控制的方式,采用 0.02 mm/min 的加载速率,每 5 s 自动记录一次试验结果,待试验结束后读取。

三轴渗流-应力耦合试验需在步骤(3)后通过液压泵对试样加载渗透压力,将试样两端渗透压控制为试验渗压值。

试验过程中观察伺服仪显示器上的实时数据,判断试验发生破坏后停止轴向压力加载,试验数据继续记录直至试样进入残余应变阶段;试验结束后慢慢地将试样从压力室中取出,若试样难以取出可以轻轻敲击橡皮膜使试样滑出,取样过程中避免试样分解,取出后进行拍照,用保鲜膜包裹并保存;对试验仪器进行清洗,准备下一组试验。全部试验结束后对试验数据进行处理,绘制不同岩性、不同围压与渗压条件下应力应变图。根据应力应变图,读取弹性模量、峰值强度、峰值应变等描述倾倒变形体岩样力学特性的有关参数。对三轴渗流-

应力耦合试验分析每组试验试样的渗透率变化,分析倾倒变形体试样的强度和变形及渗透特性,并对试样在渗压条件下的参数弱化规律及破坏规律进行研究。

## 2.4 试验结果分析

1. 应力应变曲线

将试验过程中获得的数据整理绘制成应力应变曲线,1<sup>#</sup>倾倒变形体两种岩性岩石常规三轴压缩试验与三轴渗流-应力耦合试验偏应力-应变曲线如图2-3~图2-6所示。

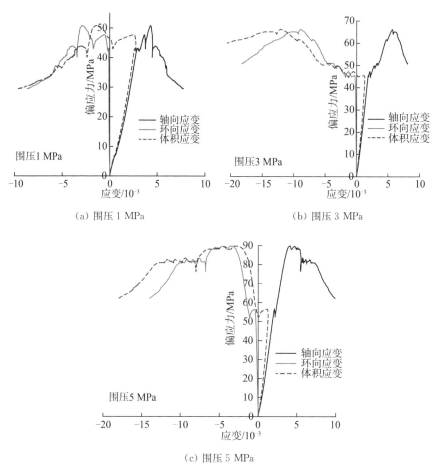

(a) 围压 1 MPa

(b) 围压 3 MPa

(c) 围压 5 MPa

图 2-3 变质角砾岩常规三轴压缩应力应变曲线

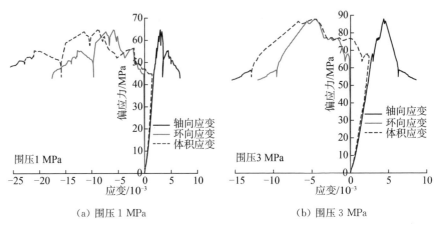

（a）围压 1 MPa  （b）围压 3 MPa

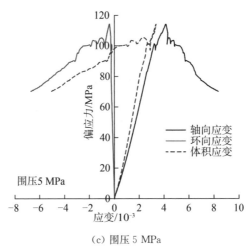

（c）围压 5 MPa

图 2-4　变质凝灰岩常规三轴压缩应力应变曲线

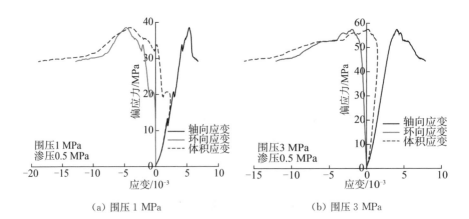

（a）围压 1 MPa  （b）围压 3 MPa

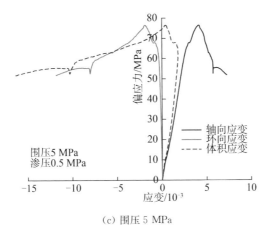

（c）围压 5 MPa

**图 2-5　变质角砾岩三轴渗流-应力耦合试验应力应变曲线**

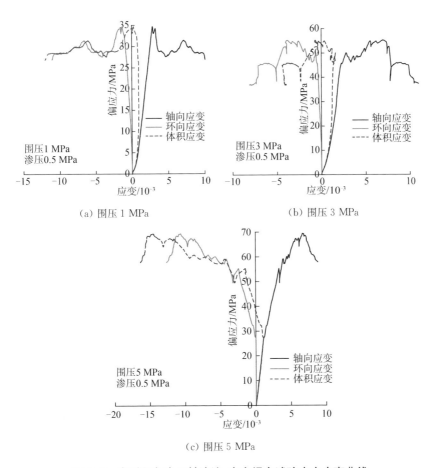

（a）围压 1 MPa

（b）围压 3 MPa

（c）围压 5 MPa

**图 2-6　变质凝灰岩三轴渗流-应力耦合试验应力应变曲线**

从曲线可以看出,应力-应变曲线的不同阶段呈现不同特征,可将整个破坏过程分为初始压密阶段、线弹性变形阶段、屈服破坏阶段和应变软化阶段。其中,初始压密阶段,试样中的微裂隙在荷载作用下被压密,因此应力-应变曲线呈现上凹型;接着进入线弹性变形阶段,应力与应变呈线性关系;当荷载继续增加,试样内部裂隙迅速扩展,进入屈服破坏阶段;当荷载使试样达到峰值强度,试样发生破坏,进入应变软化阶段。

1#倾倒变形体两种岩性岩石的偏应力-轴向应变关系曲线分别如图2-7至图2-8所示。

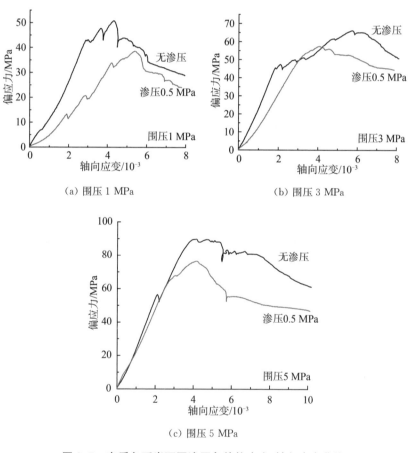

(a) 围压 1 MPa

(b) 围压 3 MPa

(c) 围压 5 MPa

图 2-7　变质角砾岩不同渗压条件偏应力-轴向应变曲线

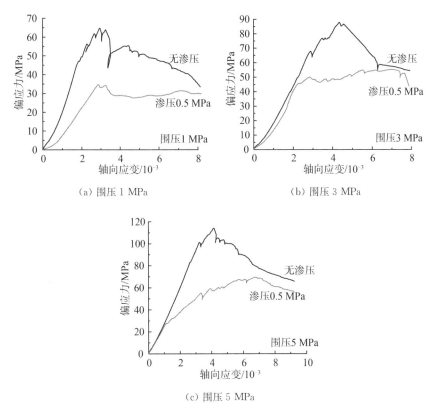

（a）围压 1 MPa

（b）围压 3 MPa

（c）围压 5 MPa

**图 2-8　变质凝灰岩不同渗压条件偏应力-轴向应变曲线**

在 0.5 MPa 渗压的附加作用下,试样的峰值强度、屈服应力及弹性模量均有明显的降低,渗压的作用对岩石的强度与刚度都有显著的影响,这能够解释在库水位升高时 1<sup>#</sup> 倾倒变形体出现的表面塌滑以及位移增加的现象。

2. 力学参数分析

结合 1<sup>#</sup> 倾倒变形体两种岩石的应力-应变曲线,找出对应的特征应力位置(图 2-9),进而确定岩石的弹性模量、变形模量和峰值强度;根据两种岩石特征强度的线性拟合,确定岩石的抗剪强度参数粘聚力 $c$ 及内摩擦角 $\varphi$。

拟合过程如图 2-10 所示,计算结果如表 2-3 与表 2-4 所示。

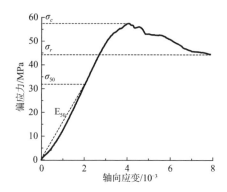

图 2-9    J5 试样特征应力位置

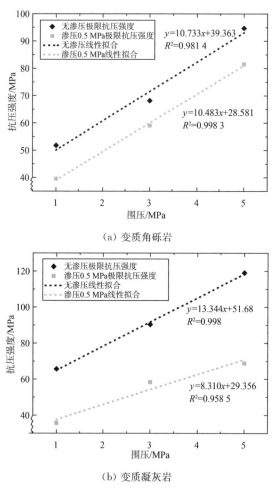

（a）变质角砾岩

（b）变质凝灰岩

图 2-10    变质角砾岩和变质凝灰岩特征强度线性拟合

表 2-3　不同围压与渗压下岩石三轴试验相关力学参数

| 岩性 | 岩样编号 | 围压(MPa) | 渗压(MPa) | 峰值强度(MPa) | 弹性模量(GPa) | 变形模量(GPa) | 泊松比 |
|---|---|---|---|---|---|---|---|
| 变质角砾岩 | J1 | 1 | 0 | 50.80 | 13.08 | 11.79 | 0.04 |
| | J2 | 3 | 0 | 65.15 | 24.17 | 10.44 | 0.11 |
| | J3 | 5 | 0 | 89.73 | 26.57 | 22.37 | 0.15 |
| | J4 | 1 | 0.5 | 38.57 | 6.51 | 6.17 | 0.29 |
| | J5 | 3 | 0.5 | 56.03 | 15.30 | 12.34 | 0.20 |
| | J6 | 5 | 0.5 | 76.50 | 23.29 | 18.43 | 0.10 |
| 变质凝灰岩 | N1 | 1 | 0 | 64.71 | 23.47 | 21.83 | 0.07 |
| | N2 | 3 | 0 | 87.33 | 21.91 | 19.95 | 0.03 |
| | N3 | 5 | 0 | 114.09 | 30.00 | 27.57 | 0.10 |
| | N4 | 1 | 0.5 | 34.67 | 10.37 | 8.11 | 0.22 |
| | N5 | 3 | 0.5 | 54.96 | 16.85 | 9.97 | 0.13 |
| | N6 | 5 | 0.5 | 63.91 | 23.29 | 19.60 | 0.07 |

表 2-4　1# 倾倒变形体岩石粘聚力和内摩擦角

| 岩石 | 工况 | $M$ | $N$ | $R^2$ | $c$(MPa) | $\varphi$(°) |
|---|---|---|---|---|---|---|
| 变质角砾岩 | 天然 | 13.733 | 39.363 | 0.981 | 6.008 | 56.052 |
| | 0.5 MPa 渗压 | 10.483 | 28.581 | 0.998 | 4.414 | 55.673 |
| 变质凝灰岩 | 天然 | 13.344 | 51.680 | 0.998 | 7.074 | 59.381 |
| | 0.5 MPa 渗压 | 8.310 | 29.356 | 0.959 | 5.092 | 51.736 |

从表 2-3 与表 2-4 可以看出,渗压对 1# 倾倒变形体两种岩性岩石的强度特性与变形特性有显著的影响。

1) 渗压对峰值强度的影响

变质角砾岩在无渗压作用情况下,1 MPa、3 MPa、5 MPa 围压下的峰值强度分别为 50.80 MPa、65.15 MPa、89.73 MPa,在 0.5 MPa 渗压作用的情况下,峰值强度分别为 38.57 MPa、56.03 MPa、76.50 MPa,峰值强度在三个围压下分别降低了 24.1%、14.0%、14.7%;变质凝灰岩在无渗压作用情况下,1 MPa、3 MPa、5 MPa 围压下的峰值强度分别为 64.71 MPa、87.33 MPa、114.09 MPa,在 0.5 MPa 渗压作用的情况下,峰值强度分别为 34.67 MPa、54.96 MPa、63.91 MPa,峰值强度在三个围压下分别降低了 46.4%、37.1%、

44.0%。可以看出,渗压的作用使得两种岩石的峰值强度均产生了明显的降低,这是由于渗压降低了节理之间的粘结力,导致微裂隙不断扩展合并,因此试样的峰值强度出现下降。从数据上可以看出,随着围压的增大,渗压对峰值强度的弱化作用有所降低,这是由于围压使得一部分裂纹发生闭合,削弱了渗压的作用;渗压对变质凝灰岩峰值强度的影响远大于变质角砾岩,这是因为变质凝灰岩的破坏模式主要为劈裂破坏,且破坏时破坏面比较密集,渗透率大,渗压作用更加充分,从而引起峰值强度弱化加剧;变质凝灰岩在天然状态下峰值强度大于变质角砾岩,而在0.5 MPa渗压作用下,峰值强度小于变质角砾岩,渗压作用对1#倾倒变形体岩石峰值应力影响显著。

2）渗压对弹性模量和变形模量的影响

变质角砾岩在无渗压作用情况下,1 MPa、3 MPa、5 MPa围压下的弹性模量分别为13.08 GPa、24.17 GPa、26.57 GPa,在0.5 MPa渗压作用下,弹性模量分别为6.51 GPa、15.30 GPa、23.29 GPa,弹性模量在三个围压下分别降低了50.2%、36.7%、12.3%;变质凝灰岩在无渗压作用下,1 MPa、3 MPa、5 MPa围压下的弹性模量分别为23.47 GPa、21.91 GPa、30.00 GPa,在0.5 MPa渗压作用的下弹性模量分别为10.37 GPa、16.85 GPa、23.29 GPa,弹性模量在三个围压下分别降低了55.8%、23.1%、22.4%。而在变形模量上,也有着与弹性模量类似的现象。可以看出,渗压的作用使得两种岩石的弹性模量与变形模量均产生了明显的降低,对试样产生了软化作用。从数据上可以看出,随着围压的增大,渗压对弹性模量与变形模量的弱化作用有所降低,这也是由于围压使得一部分裂纹发生闭合,削弱了渗压的作用;相比变质角砾岩,变质凝灰岩在低围压下的弹性模量更大,而在高围压下两者比较接近;渗压对两种岩石试样弹性模量的弱化程度相当,渗压作用对1#倾倒变形体岩石弹性模量与变形模量影响显著。

3）渗压对粘聚力与内摩擦角的影响

将两种岩石试样三轴压缩试验的特征强度进行线性拟合,如图2-10所示,拟合效果较好。

由表2-4可知,变质角砾岩在无渗压作用天然状态下粘聚力为6.008 MPa、内摩擦角为56.052°,在0.5 MPa渗压作用下粘聚力为4.414 MPa、内摩擦角为55.673°,粘聚力降低了26.5%,内摩擦角降低了0.7%;变质凝灰岩在无渗压作用天然状态下的粘聚力为7.074 MPa、内摩擦角为59.381°,

在 0.5 MPa 渗压作用下粘聚力为 5.092 MPa、内摩擦角为 51.736°,粘聚力降低了 28.0%,内摩擦角降低了 12.9%。从数据可以看出,渗压作用使两种岩石的粘聚力与内摩擦角均产生了明显的降低,强度参数有了明显的弱化,其中粘聚力的弱化更加突出;渗压对两种岩石试样粘聚力的弱化程度接近,变质凝灰岩的粘聚力略大于变质角砾岩,渗压作用对 1# 倾倒变形体岩石粘聚力与内摩擦角影响显著。

根据以上分析结果可以得到,渗压对三轴渗流-应力耦合作用下 1# 倾倒变形体两种岩性的岩石试样的强度和变形力学参数的影响明显。

3. 渗透特性分析

根据试验结果,绘制不同围压下,1# 倾倒变形体两种岩性岩石试样三轴渗流-应力耦合试验的偏应力-轴向应变曲线与渗透率-轴向应变曲线,如图 2-11 及图 2-12 所示。

1) 变质角砾岩渗透特性分析

初始压缩阶段:受轴向应力作用,试样内部节理与微裂隙被压密闭合,渗透率逐渐减小,但减小的幅度不大。

线性变形阶段:渗透率保持相对稳定状态,但也存在局部破坏导致裂隙扩展贯通引起渗透率突增的情况。

屈服破坏阶段:试样进入非线性变形阶段,内部裂隙继续扩展,渗透率继续增长,而当贯通节理面形成时,渗透率快速增加,但很快因为裂隙被重新压密而快速减小。

应变软化阶段:达到峰值应力后,试样整体骨架遭到破坏,承载力开始下降,此时由于角砾岩的特殊结构,试样内部裂隙还存在扩展合并,渗透率在该阶段缓慢上升。

2) 变质凝灰岩的渗透特性分析

初始压缩阶段:与变质角砾岩类似,受轴向应力作用,试样内部节理与微裂隙被压密闭合,渗透率逐渐减小,但减小的幅度不大。

线性变形阶段:渗透率存在突增现象,呈阶梯式,表明变质凝灰岩较变质角砾岩更易发生局部破坏贯通,形成贯通节理面。

屈服破坏阶段:试样进入非线性变形阶段,内部裂隙继续扩展,渗透率继续增长,而当贯通节理面形成时,渗透率快速增加。

应变软化阶段:达到峰值应力后,试样整体骨架遭到破坏,承载力开始下降,由于节理摩擦掉落的颗粒碎物充满了节理内部,渗透率不断减小。

从以上分析可以看出,变质角砾岩与变质凝灰岩的渗透特性显示出较大的差异,变质凝灰岩更容易因局部破坏而引起渗透率突增,这将使岩体受到更大的水动力作用,不利于岩体的稳定。

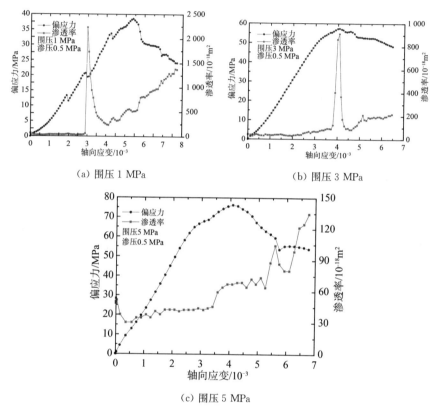

（a）围压 1 MPa　　　　（b）围压 3 MPa

（c）围压 5 MPa

图 2-11　变质角砾岩偏应力-轴向应变与渗透率-轴向应变曲线图

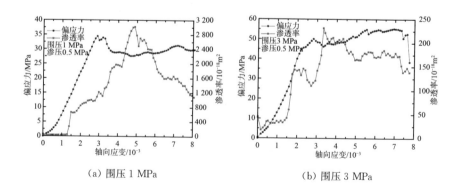

（a）围压 1 MPa　　　　（b）围压 3 MPa

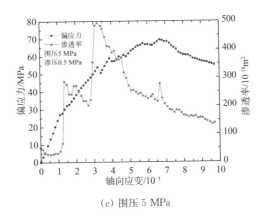

(c) 围压 5 MPa

**图 2-12 变质凝灰岩偏应力-轴向应变与渗透率-轴向应变曲线图**

### 4. 破坏模式分析

将 1# 倾倒变形体两种岩性岩石试样三轴压缩试验与三轴渗流-应力耦合试验的破坏模式整理如表 2-5 所示。

### 1) 变质角砾岩破坏模式

在常规三轴压缩试验中,变质角砾岩在 1 MPa 围压下呈现出沿轴向劈裂破坏、端部剪切破坏特征,在 3 MPa 围压及 5 MPa 围压下呈现出剪切破坏局部次生破坏特征;在三轴渗流-应力耦合试验中,变质角砾岩在 1 MPa 围压和 3 MPa 围压下主要为劈裂破坏,在 5 MPa 围压下主要为剪切破坏。从破坏面轨迹分析,裂隙扩展方向常常受角砾影响发生改变,并沿着角砾的边缘扩展,破坏面具有一定的不规则性。

**表 2-5 1# 倾倒变形体两种岩石试样三轴压缩试验破坏模式图**

| 岩性 | 围压（MPa） | 天然条件 | | | 0.5 MPa 渗压 | | |
|---|---|---|---|---|---|---|---|
| | | 破坏前 | 破坏后 | 素描图 | 破坏前 | 破坏后 | 素描图 |
| 变质角砾岩 | 1 | | | | | | |
| | 3 | | | | | | |
| | 5 | | | | | | |

续表

| 岩性 | 围压(MPa) | 天然条件 | | | 0.5 MPa渗压 | | |
|---|---|---|---|---|---|---|---|
| | | 破坏前 | 破坏后 | 素描图 | 破坏前 | 破坏后 | 素描图 |
| 变质凝灰岩 | 1 | | | | | | |
| | 3 | | | | | | |
| | 5 | | | | | | |

2）变质凝灰岩破坏模式

变质凝灰岩在常规三轴压缩试验及三轴渗流-应力耦合试验中主要的破坏模式为劈裂破坏，且往往有不止一条贯通破坏面。在1 MPa围压与3 MPa围压下萌生出较多次生裂隙，垂直于试样轴线的各个方向，破坏程度大，并夹杂碎屑于裂隙中；在5 MPa围压下，贯通裂隙的数目有所减少，但仍为平行于轴向的劈裂破坏，破坏面较光滑。

# 第三章 倾倒变形体弯曲倾倒模型

倾倒破坏可以分为弯曲倾倒破坏、块体倾倒破坏和弯曲-块体复合型倾倒破坏。弯曲倾倒破坏是最普遍的倾倒破坏模式,能较好地阐释倾倒变形体从变形到破坏的演化机制。在理论研究中,运用较多的为悬臂梁理论,这一理论从原理与机制上都较好地契合了弯曲倾倒破坏。随着我国西南大型水电站建设的发展,库坝区倾倒变形体的稳定性越来越受到关注,采用常规的滑坡稳定性分析方法已经不能准确反映其真实状况,而常规的悬臂梁分析方法未考虑地下水的作用,无法作为复杂条件工程问题的有效解决方法,因此需要提出一个考虑水动力作用的弯曲倾倒破坏力学模型。

## 3.1 弯曲倾倒破坏力学模型

基于悬臂梁理论建立倾倒变形体二维概化模型。该模型由若干岩板组成(图 3-1),岩板下边界构成基准面,各岩板以基准面为固定端受力发生悬臂梁式弯曲。选取第 $n$ 块岩板作为分析对象(图 3-2),其上边界受到上覆岩体的压力,促使岩板发生弯曲;下边界受到下部岩体的反作用力,阻止岩板发生弯曲;此外还受到岩板的自重、层间摩擦力和水的作用力。

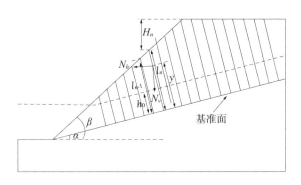

**图 3-1　倾倒变形体二维概化模型**

模型的建立基于以下假设:所有岩板都是弹性均质岩体及岩板与基准面垂直。

1) 相邻岩板作用

在如图 3-2 所示的第 $n$ 块岩板的上边界任意一距离基准面 $y$ 的点,其上覆岩体对其施加的竖向力和水平力可以描述为:

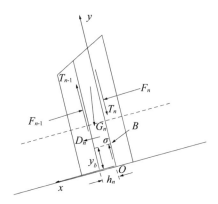

**图 3-2　第 $n$ 块岩板的受力状态**

$$N_v(y) = \gamma[H_n + (l_n - y)\cos\alpha] \tag{3-1}$$

$$N_h(y) = K\gamma[H_n + (l_n - y)\cos\alpha] \tag{3-2}$$

式中：$\gamma$ 为岩板天然状态下的容重；$H_n$ 为第 $n$ 块岩板上边界顶部到坡顶的高度差；$l_n$ 为第 $n$ 块岩板上边界长度；$\alpha$ 为基准面与水平面的夹角；$K$ 为侧压力系数。

将两个力分别分解到 $x$ 与 $y$ 方向，得到上覆岩体作用于该点 $x$ 方向的力 $F_n$ 与 $y$ 方向的力 $T_n$ 为

$$F_n(y) = \gamma(K\cos\alpha + \sin\alpha)[H_n + (l_n - y)\cos\alpha] \tag{3-3}$$

$$T_n(y) = \gamma(\cos\alpha - K\sin\alpha)[H_n + (l_n - y)\cos\alpha] \tag{3-4}$$

对于第 $n-1$ 块岩板，同理可得到

$$F_{n-1}(y) = \gamma(K\cos\alpha + \sin\alpha)[H_{n-1} + (l_{n-1} - y)\cos\alpha] \tag{3-5}$$

$$T_{n-1}(y) = \gamma(\cos\alpha - K\sin\alpha)[H_{n-1} + (l_{n-1} - y)\cos\alpha] \tag{3-6}$$

由式(3-3)及式(3-5)可得 $x$ 方向合力为

$$\Delta F = \begin{cases} -\gamma(K\cos\alpha + \sin\alpha)h_n\sin\alpha & y_0 \leqslant y < l_{n-1} \\ \gamma(K\cos\alpha + \sin\alpha)[H_n + (l_n - y)\cos\alpha] & l_{n-1} \leqslant y < l_n \end{cases} \tag{3-7}$$

式中：$y_0$ 为浸润面到基准面的距离；$h_n$ 为第 $n$ 块岩板厚度。

设点 $B$ 为岩板上表面处任意一点，当 $l_{n-1} \leqslant y < l_n$ 时，$F$ 在点 $B$ 处产生的弯矩可通过积分求得：

$$M_1 = \int_{l_{n-1}-y_b}^{l_n-y_b} \gamma b y (K\cos\alpha + \sin\alpha)[H_n + (l_n - y)\cos\alpha]\mathrm{d}y$$

$$= \gamma b (K\cos\alpha + \sin\alpha)\left[(H_n + l_n\cos\alpha)\frac{(l_n - y_b)^2 - (l_{n-1} - y_b)^2}{2}\right. \tag{3-8}$$

$$\left. - \frac{\cos\alpha(l_n - y_b)^3 - (l_{n-1} - y_b)^3}{3}\right]$$

式中：$b$ 为岩板宽度。

当 $y_b \leqslant y < l_{n-1}$ 时，$F$ 在点 $B$ 处产生弯矩同理：

$$M_2 = \int_0^{l_{n-1}-y_b} -\gamma b y (K\cos\alpha + \sin\alpha)h_n\sin\alpha\,\mathrm{d}y \tag{3-9}$$

$$= -\frac{1}{2}\gamma b (l_{n-1} - y_b)^2 (K\cos\alpha + \sin\alpha)h_n\sin\alpha$$

2）重力作用

当任意点 $B$ 在浸润面以上时，水上部分在点 $B$ 出产生的弯矩为

$$M_{G1} = \frac{1}{2}\gamma b h_n (l_{n-1} + l_n - 2y_b)\sin\alpha\, y_{gw} \tag{3-10}$$

$$y_{gw} = \frac{(l_{n-1} - y_b)^2 + h_n(l_{n-1} - y_b)\tan(\beta - \alpha)}{2(l_{n-1} - y_b) + h_n\tan(\beta - \alpha)} \tag{3-11}$$

式中：$y_{gw}$ 为施力区重心到点 $B$ 的距离；$\beta$ 为倾倒变形体表面坡度。

而水下部分不产生弯矩，即有 $M_{G2} = 0$。

当任意点 $B$ 在浸润面以下时，水上部分在点 $B$ 处产生的弯矩为

$$M_{G1} = \frac{1}{2}\gamma b h_n (l_{n-1} + l_n - 2y_0)\sin\alpha\, y_{gw} \tag{3-12}$$

$$y_{gw} = \frac{(l_{n-1} - y_0)^2 + h_n(l_{n-1} - y_0)\tan(\beta - \alpha)}{2(l_{n-1} - y_0) + h_n\tan(\beta - \alpha)} + y_0 - y_b \tag{3-13}$$

水下部分产生的弯矩为

$$M_{G2} = \frac{1}{2}\gamma' b h_n (y_0 - y_b)^2\sin\alpha \tag{3-14}$$

式中：$\gamma'$ 为岩板饱和容重。

3) 地下水作用

当岩板两侧的水头在库水位骤降条件不一致时,会产生动水压力与静水压力。假定动水压力方向平行于基准面,则第 $n$ 块岩板的动水压力可表示为

$$D_n = \frac{1}{2} i \gamma_w (y_{n-1} + y_n) h_n b \tag{3-15}$$

式中:$y_n$ 为库水位骤降条件下,第 $n$ 块岩板上边界水位高度;$i = \dfrac{y_n - y_{n-1}}{h_n}$ 为水力梯度,因此第 $n$ 块岩板任意点 $B$ 处动水压力与静水压力引起的弯矩可按下式近似计算:

$$M_3 = \frac{1}{2y_n} \gamma_w b (y_n^2 - y_{n-1}^2)(y_n - y_b)^2 \tag{3-16}$$

蓄水条件下第 $n$ 块岩板任意点 $B$ 处受到的弯曲作用产生的最大拉应力为

$$\sigma_1 = \frac{M_n}{W_n} = \frac{6b(M_{G1} + M_{G2} + M_1 + M_2 + M_3)}{h_0^2} \tag{3-17}$$

4) 其他作用

岩板除了受到弯曲作用,还受到分量 $T$ 在轴向引起的压应力:

$$\sigma_2 = \gamma(\cos\alpha - K\sin\alpha)[H_n + (l_n - y_b)\cos\alpha] \tag{3-18}$$

重力在轴向引起的压应力:

$$\sigma_3 = \begin{cases} \gamma(l_n - y_b)\cos\alpha & y_b \geqslant y_0 \\ [\gamma(l_n - y_0) + \gamma'(y_0 - y_b)]\cos\alpha & y_b < y_0 \end{cases} \tag{3-19}$$

层间摩擦力:

$$\sigma_4 = \gamma(K\cos\alpha + \sin\alpha)[H_n + (l_n - y_b)\cos\alpha]\tan\varphi \tag{3-20}$$

式中:$\varphi$ 为层间摩擦角。

此外,还受到水的浮托力:

$$\sigma_5 = \begin{cases} 0 & y_b \geqslant y_0 \\ \gamma_w(y_0 - y_b)\cos\alpha & y_b < y_0 \end{cases} \tag{3-21}$$

5）岩板弯曲折断破坏最大拉应力判据

根据前面的推导可知，第 $n$ 块岩板 $y_b$ 处受到的拉应力为

$$\sigma_n = \sigma_1 - \sigma_2 - \sigma_3 - \sigma_4 + \sigma_5 \qquad (3-22)$$

若满足：

$$\sigma_n = \sigma_t \qquad (3-23)$$

其中：$\sigma_t$ 为岩板的极限抗拉强度。

则岩板将发生折断破坏，对应的 $y_b$ 为其折断深度。

在第一次折断发生后，折断面下方的应力状态将发生变化，忽略折断面上方岩体对其的作用，则可以根据悬臂梁理论再次进行岩板上侧的拉应力分析，从而得到多级折断深度。

## 3.2 挠度分析

研究倾倒变形体的变形机制，寻找倾倒变形体外部位移与内部应力之间的内在联系有很重要的意义。

倾倒变形体的位移计算可简化为悬臂梁中的挠度问题。在进行挠度计算时，将第 $n$ 块岩板的形状简化为矩形等直梁，即将 $l_{n-1}$ 近似为 $l_n$ 处理，此时不计轴向力对挠度的贡献，将上下岩体作用力、重力垂直于岩板方向的分量、静水压力以及动水压力（图 3-3）作为引起弯曲的作用力。

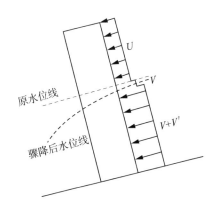

**图 3-3　悬臂梁模型挠度分析受力示意图**

则原水位线以上部分受到相邻岩体压力与自重造成的均布荷载为

$$U = \gamma h_n b \sin\alpha - \gamma(K\cos\alpha + \sin\alpha)h_n b \sin\alpha \tag{3-24}$$

原水位线以下部分受到相邻岩体压力与自重造成的均布荷载为

$$V = \gamma' h_n b \sin\alpha - \gamma(K\cos\alpha + \sin a)h_n b \sin\alpha \tag{3-25}$$

原水位线以下部分受到的端部剪切力为

$$Q = [\gamma h_n b \sin\alpha - \gamma(K\cos\alpha + \sin\alpha)h_n b \sin\alpha](l_n - y_0) \tag{3-26}$$

由式(3-24)和式(3-26)得到原水位线以下部分距离基准面 $y$ 处的剪力为

$$\begin{aligned}Q(y) = &[\gamma h_n b \sin\alpha - \gamma(K\cos\alpha + \sin a)h_n b \sin\alpha](l_n - y_0)\\ &+ [\gamma' b h_n \sin\alpha - \gamma(K\cos\alpha + \sin a)h_n b \sin\alpha](y_0 - y)\end{aligned} \tag{3-27}$$

在库水位降低条件下,地下水位以下部分受到的静水压力与动水压力之和可近似表示为

$$V' = 2\gamma_w(y_n - y_{n-1})b \tag{3-28}$$

当 $0 \leqslant y \leqslant y_0'$ 时,该荷载造成水下部分距离基准面 $y$ 处的剪力为

$$Q'(y) = V'(y_0' - y) \tag{3-29}$$

根据材料力学,原水位线以下部分挠曲线方程满足:

$$E'Iw = -\iiint[Q(y) + Q'(y)]\mathrm{d}^3 y + \frac{1}{2}Ay^2 + By + C \tag{3-30}$$

式中: $C = E'Iw(y=0) = 0$ ; $B = E'Iw'(y=0) = 0$ ; $A = E'Iw''(y=0) = -M$ $(y=0) = U(l_n - y_0)y_0 + \frac{1}{2}Vy_0^2 + \frac{1}{2}U(l_n - y_0)2 + \frac{1}{2}V'y_0'^2$ ; $E'$ 为饱和状态的岩板的弹性模量。将各参数表达式代入式(3-30)整理得距离基准面 $y$ 处的挠度为

当 $0 \leqslant y \leqslant y_0'$ ,

$$\begin{aligned}E'Iw_y = &\frac{1}{6}[(l_n - y_0)U + y_0 V + y_0'V']y^3 - \frac{1}{24}(V + V')y^4\\ &+ \frac{1}{2}[(l_n - y_0)y_0 U + \frac{1}{2}(l_n - y_0)^2 U + \frac{1}{2}y_0^2 V + \frac{1}{2}y_0'^2 V']y^2\end{aligned} \tag{3-31}$$

当 $y_0' < y \leqslant y_0$

$$EIw_y = \frac{1}{6}[(l_n - y_0)U + y_0 V]y^3 - \frac{1}{24}Vy^4$$
$$+ \frac{1}{2}[(l_n - y_0)y_0 U + \frac{1}{2}(l_n - y_0)^2 U + \frac{1}{2}y_0^2 V + \frac{1}{2}y_0'^2 V']y^2 \tag{3-32}$$

水上部分挠曲线方程满足以下积分(视浸润线处为原点):

$$EIw = -\iiiint q(y)\mathrm{d}^4 y + \frac{1}{6}Ay^3 + \frac{1}{2}By^2 + Cy + D \tag{3-33}$$

式中: $D = EIw(y=0) = EIw_0$ ; $C = EIw'(y=0) = EI\theta_0$ ; $B = EIw''(y=0) = -M(y=0) = \frac{1}{2}(l_n - y_0)^2 U$ ; $A = EIw'''(y=0) = Q(y=0) = U(l_n - y_0)$ 。

整理得距离基准面 $y$ 处的挠度为

$$EIw_y = -\left[\frac{1}{24}(y - y_0)^4 - \frac{l_n - y_0}{6}(y - y_0)^3 - \frac{(l_n - y_0)^2}{4}(y - y_0)^2\right]U$$
$$+ EI\theta_0(y - y_0) + EIw_0 \tag{3-34}$$

其中 $\theta_0$ 和 $w_0$ 分别为第 $n$ 块岩板在原地下水位处的转角和挠度,可通过式(3-32)求得。

## 3.3 失稳模式与稳定性

从破坏判据分析,反倾岩体发生折断破坏的条件为岩板在基准面处的拉应力达到岩体极限抗拉强度。而后缘岩板发生折断破坏,若未在底部形成贯通的破裂带,则并不代表倾倒变形体处于失稳状态。此时倾倒变形体的稳定性将取决于前缘岩体的抗剪能力,一旦发生失稳,则很可能是前缘发生剪切滑移破坏,后缘岩板失去前缘支撑力发生进一步倾倒滑移破坏。

整个破坏过程中,反倾岩体首先在自重与外力作用下发生悬臂梁式弯曲,当弯曲达到一定程度时,岩板发生折断破坏,当折断岩板数量增加时,基准面处逐渐形成折断带。而后部岩板发生折断破坏不是坡体失稳的充分条件,是否会发生倾倒或者滑移破坏还需考虑前缘抗剪岩体的稳定性。研究认为,倾倒变形体的破坏模式为前缘剪切、后缘倾倒的复合破坏模式,即前缘发生破坏后,后缘形成临空面进而发生倾倒破坏。

因此对于倾倒变形体稳定性的研究,将从前缘岩体的抗剪稳定性展开。对前缘岩体稳定性的评价考虑了上覆岩体的压力、自重、静水压力、动水压力以及地震力(图 3-4)的影响,地震作用采用拟静力法分析。

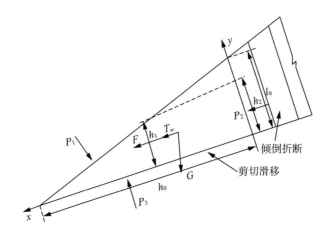

图 3-4　倾倒变形体剪切滑移受力分析图

根据摩尔库伦强度准则,前缘岩体发生剪切破坏安全系数可以表达为

$$F_s = \frac{ch_0 + [G\cos\alpha + P_1\cos(\beta-\alpha) - P_3 - F_h\sin\alpha]\tan\varphi}{F + G\sin\alpha + P_2 - P_1\sin(\beta-\alpha) + T_w + F_h\cos\alpha} \quad (3\text{-}35)$$

式中:$F$ 为上覆岩体水平力;$G$ 为滑体自重;$P_1$ 为前缘水压力;$P_2$ 为后缘水压力;$P_3$ 为底部浮托力;$T_w$ 为动水压力;$F_h$ 为水平方向地震惯性力。其具体表达式如式(3-36)至式(3-42)所示。

$$F = \gamma(K\cos\alpha + \sin\alpha)(H_0 + l_0\cos\alpha)l_0 - \frac{1}{2}l_0^2\gamma\cos\alpha(K\cos\alpha + \sin\alpha) + \sum_{i=1}^{k}T_i$$
$$(3\text{-}36)$$

式中:$T_i$ 为第 $i$ 块岩板由于动水压力对前缘岩板产生的推力;$k$ 为岩板总数。

$$G = \frac{1}{2}\gamma h_0 l_0 \quad (3\text{-}37)$$

$$P_1 = \frac{h_1^2\sin\beta\gamma_w}{2\sin^2(\beta-\alpha)} \quad (3\text{-}38)$$

$$P_2 = \frac{h_2^2 \cos\alpha \gamma_w}{2} \tag{3-39}$$

$$P_3 = \frac{1}{2} h_2 \cos\alpha h_0 \gamma_w + \frac{h_1 \sin\beta \gamma_w h_0}{2\sin(\beta - \alpha)} \tag{3-40}$$

$$T_w = \gamma_w \frac{(h_2 - h_1)}{h_0} \left[ \frac{1}{2} l_0 h_0 - \frac{(l_0 - h_1)(l_0 - h_2)}{2\tan(\beta - \alpha)} \right] \tag{3-41}$$

$$F_h = \frac{a_h \xi \gamma V a_i}{g} \tag{3-42}$$

式中：$a_h$ 为设计地震加速度；$\xi$ 为折减系数；$V$ 为岩体体积；$a_i$ 为质点的动态分布系数。

## 3.4 模型验证

建立二维概化模型如图 3-5 所示,该模型由 160 块岩板组成,每块岩板厚度均为 4.4 m,基准面位置根据勘测资料中倾倒变形体底界面确定。概化模型坡脚到坡顶水平距离为 630 m,竖直距离为 475 m;坡面倾角 37°,基准面倾角 28°;侧压力系数取 0.3。计算位置与 GNSS 监测点 GTP06 对应,以便于对比验证。

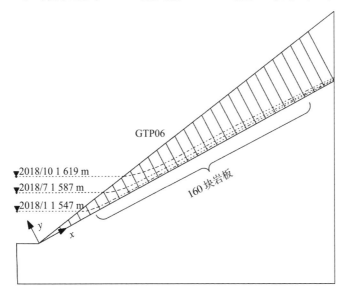

图 3-5 1# 倾倒变形体 Ⅶ-Ⅶ′剖面二维概化模型

    1#倾倒变形体Ⅶ-Ⅶ′剖面概化模型采用的物理力学参数与渗透参数根据室内试验及相关经验所得，如表3-1所示。

表3-1　1#倾倒变形体概化模型物理力学参数与渗透参数

| 饱和含水量 | 渗透系数<br>(m/h) | 天然容重<br>(kN/m³) | 饱和容重<br>(kN/m³) | 天然弹性模量<br>(GPa) | 饱和弹性模量<br>(GPa) |
|---|---|---|---|---|---|
| 0.4 | 0.02 | 24.5 | 25.3 | 13.0 | 6.5 |

    弯曲倾倒模型的验证通过将1#倾倒变形体在蓄水阶段的位移计算值与监测值进行对比来完成。

    在已有解析解的情况下，为了计算水位变动情况下的位移值，需要明确在蓄水全过程中倾倒变形体内部的地下水位情况，通过求解二维瞬态渗流方程计算变形体内部渗流场：

$$\frac{\partial}{\partial x}\left(k_x\,\frac{\partial H}{\partial x}\right)+\frac{\partial}{\partial y}\left(k_y\,\frac{\partial H}{\partial y}\right)=0 \tag{3-43}$$

式中：$k_x$、$k_y$分别为$x$方向和$y$方向的渗透系数；$H$为总水头。

    基于库区水位高度变动数据，采用渗流分析程序SEEP/W求解倾倒变形体内的渗流场，通过计算得到的基准面处的压力水头得到岩板对应的浸水高度，从而计算岩板的挠度，通过将计算的水位变动后的挠度与开始监测时对应挠度计算值作差，作为与监测值作对比的GTP06的位移计算值。

    图3-6为库区水位变化曲线与基准面处压力水头变化曲线，随着一次明显的快速蓄水阶段，之后维持在1 619 m正常蓄水位上下波动；而计算得到的压力水头值受蓄水的影响而升高，且显示出一定的滞后性，表明倾倒变形体内部的水位线抬高。

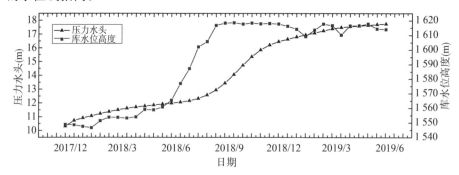

图3-6　1#倾倒变形体库水位高度变化与基准面处压力水头变化曲线

将 1# 倾倒变形体蓄水后的位移值根据岩板倾角分解到水平与竖直方向,并与监测值进行对比,如图 3-7,可以发现计算值与监测值基本吻合,且均显示出倾倒变形体在蓄水后的位移突增,表明该悬臂梁模型对库区倾倒变形体的计算是适用的。

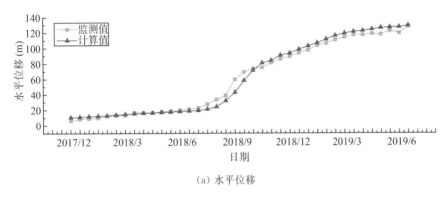

（a）水平位移

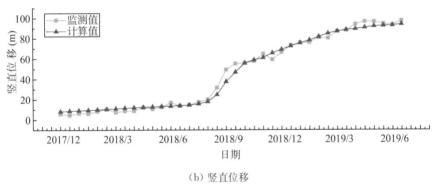

（b）竖直位移

**图 3-7　1# 倾倒变形体 GNSS 监测值与计算值对比图**

## 3.5　影响因素分析

对 1# 倾倒变形体概化模型岩板拉应力与挠度的影响因素进行分析,其中拉应力直接影响了岩板折断情况,而挠度直接影响了倾倒变形体的位移。

计算采用推导的拉应力与挠度表达式,运用控制变量法,研究影响因素变化时,岩板拉应力与挠度的变化情况。相关参数如表 3-2 所示,对拉应力的影响因素考虑水位高度(浸水深度)及水力梯度,对挠度的影响因素考虑水位高度、水力梯度及弹性模量的影响,使用控制变量法计算时,变量的取值区间为标准值上下分别增加与减少 50%，即用标准值乘上一个大于 0.5 小于 1.5 的控制系数，计算结果如图 3-8 及图 3-9 所示。

表 3-2　岩板拉应力与挠度影响因素分析参数

| 研究对象 | 研究因素 | 岩板宽度(m) | 岩板高度(m) | 浸水高度(m) | 水力梯度 | 弹性模量(GPa) | 饱和弹性模量(GPa) |
|---|---|---|---|---|---|---|---|
| 拉应力 | 水力梯度 | 4.40 | 55.94 | 20.00 | [0.05,0.15] | 13.00 | 6.50 |
| 拉应力 | 水位高度 | 4.40 | 55.94 | [10.00,30.00] | 0.10 | 13.00 | 6.50 |
| 挠度 | 水力梯度 | 4.40 | 55.94 | 20.00 | [0.05,0.15] | 13.00 | 6.50 |
| 挠度 | 水位高度 | 4.40 | 55.94 | [10.00,30.00] | 0.10 | 13.00 | 6.50 |
| 挠度 | 弹性模量 | 4.40 | 55.94 | 20.00 | 0.10 | [6.50,19.50] | [3.25,9.75] |

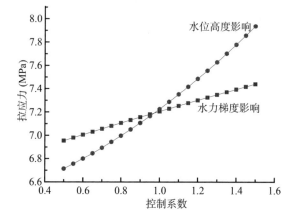

图 3-8　不同影响因素下岩板底部拉应力变化曲线

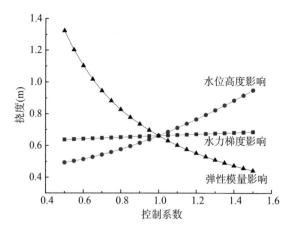

图 3-9　不同影响因素下岩板端部挠度变化曲线

1）岩板拉应力的影响因素

根据计算结果,岩板底部最大拉应力在各参数取标准值情况下为 7.21 MPa,在浸水高度与水力梯度增大影响下,拉应力均增大。浸水高度增大 50% 时,拉应力增大 9.86%,浸水高度减小 50% 时,拉应力减小 7.28%;水力梯度增大 50% 时,拉应力增大 3.28%,水力梯度减小 50% 时,拉应力减小 3.48%。拉应力对浸水高度的影响更加敏感。从曲线形状分析,拉应力随浸水高度增加的变化曲线呈下凸型,随水力梯度增加的变化曲线呈上凸型。

2）岩板挠度的影响因素

根据计算结果,岩板顶部挠度在各参数取标准值的情况下为 0.66 m,在浸水高度与水力梯度增大及弹性模量减小影响下,挠度均增大。浸水高度增大 50% 时,挠度增大 43.18%,浸水高度减小 50% 时,挠度减小 25.46%;水力梯度增大 50% 时,挠度增大 3.48%,水力梯度减小 50% 时,挠度减小 3.78%;弹性模量减小 50% 时,挠度增大 100.00%,弹性模量增大 50% 时,挠度减小 33.33%。挠度对弹性模量的影响最为敏感,浸水高度次之,水力梯度最小。从曲线形状分析,挠度随浸水高度增加的变化曲线呈下凸型,随弹性模量增加的变化曲线呈下凸型。

从计算结果来看,1# 倾倒变形体概化模型岩板的折断数量与位移在受到水动力作用有关因素的影响后发生了增加:水位升高导致的岩板浸水高度的增加以及水位骤降引起的水力梯度增加都会造成岩板的位移与拉应力增加。水对岩体的抗拉强度及弹性模量的削弱,同样会分别引起岩板折断发生与位移的增加。

可以认为,水动力作用可引起倾倒变形体参数降低,参数降低间接引起倾倒变形体稳定性降低,水动力作用可直接从力学作用角度引起倾倒变形体稳定性降低。

# 第四章 倾倒变形体断裂力学特性及能量判据

为了研究倾倒变形体弯曲折断的力学机理,开展了倾倒变形体试样 V 形切槽巴西圆盘试验,进行了断裂力学分析,提出了基于能量原理的倾倒变形体弯曲折断判据及弯曲折断破坏判定方法。

## 4.1　V 形切槽巴西圆盘试验

### 1. 试样制备

试样取自黄登水电站 1# 倾倒变形体的变质凝灰岩与变质角砾岩岩芯,按照 ISRM 提出的建议测试方法(V 形切槽巴西圆盘法)对岩芯进行加工,制成直径 $D=50$ mm,厚度 $B=20$ mm 圆盘,试样的 V 形切槽用直径 $D_s=35$ mm 的金刚石锯片,在小型钻铣床上两次铣削而成,加工完成的试样称为 CCNBD 试样。CCNBD 试样制备的尺寸要求如图 4-1 所示,尺寸参数如表 4-1 所示,制成的试样如图 4-2 所示。

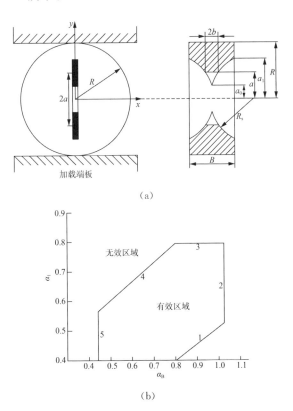

（a）

（b）

图 4-1　CCNBD 试样制备尺寸要求

（a）变质角砾岩试样        （b）变质凝灰岩试样

图 4-2 变质角砾岩与变质凝灰岩 CCNBD 试样

表 4-1 两种岩石 CCNBD 试样尺寸参数

| 物理量 | 数值(mm) | 无量纲表达 |
|:---:|:---:|:---:|
| $D$ | 50 | — |
| $B$ | 20 | $\alpha_B = \dfrac{B}{R} = 0.8$ |
| $a_0$ | 3.772 | $\alpha_0 = \dfrac{a_0}{R} = 0.215$ |
| $a_1$ | 16 | $\alpha_1 = \dfrac{a_1}{R} = 0.64$ |
| $D_s$ | 35 | $\alpha_s = \dfrac{D_s}{R} = 0.7$ |

　　试样分为天然试样与饱和试样。对饱和试样需要进行饱和操作,即将试样放入真空抽气泵中抽真空,然后通过导管吸入水,并盖过试样,使试样充分饱和。

　　2. 试验过程

　　试验在岩石剪切流变试验机上进行,如图 4-3 所示,对试样的加载是沿着切槽在切槽两极施加集中荷载,利用试验系统采集不同时间点的载荷与变形,为使裂纹扩展更加稳定,选用 0.005 mm/min 的位移加载速率,直至试样破坏。

　　试验按照表 4-2 所示的方案进行,其中 J1 试样为天然状态变质角砾岩试样,J2 试样为饱和状态变质角砾岩试样,N1 试样为天然状态变质凝灰岩试样,N2 试样为饱和状态变质凝灰岩试样。每种试样均做三组试验,取平均值作为计算结果。

图 4-3　岩石剪切流变试验机以及加载方式

表 4-2　两种岩石 V 形切槽巴西圆盘试验方案

| 试样编号 | 试样状态 | 试样直径(mm) | $\alpha_B$ | $\alpha_0$ | $\alpha_1$ | $\alpha_s$ |
|---|---|---|---|---|---|---|
| J1-1 | 天然 | 50 | 0.8 | 0.215 | 0.64 | 0.7 |
| J1-2 | | | | | | |
| J1-3 | | | | | | |
| N1-1 | | | | | | |
| N1-2 | | | | | | |
| N1-3 | | | | | | |
| J1-4 | 饱和 | 50 | 0.8 | 0.215 | 0.64 | 0.7 |
| J1-5 | | | | | | |
| J1-6 | | | | | | |
| N1-4 | | | | | | |
| N1-5 | | | | | | |
| N1-6 | | | | | | |

3. 试验结果

将试验系统测得的CCNBD试样荷载与位移数据整理成各个试样的荷载-施力点位移曲线,如图 4-4 所示,图中J1-1、J1-2、J1-3、N1-1、N1-2、N1-3为天然状态试样试验结果曲线,J1-4、J1-5、J1-6、N1-4、N1-5、N1-6为饱和状态试样试验结果曲线。

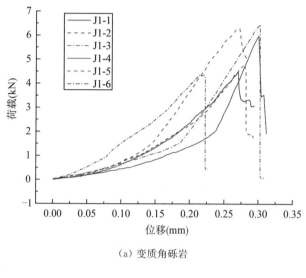

（a）变质角砾岩

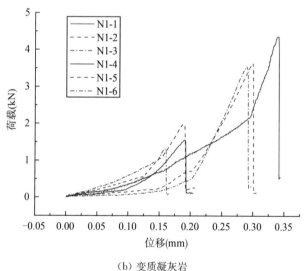

（b）变质凝灰岩

**图 4-4　两种岩石巴西圆盘法断裂试验荷载-施力点位移曲线**

1）变质角砾岩荷载-施力点位移曲线

从图 4-4(a)可以看出，变质角砾岩 CCNBD 试样整个加载过程可以分为四个阶段：初始阶段为非线性变形阶段，该段曲线呈现凹型，表明 V 形裂纹尖端的产生；第二阶段为裂纹线性扩展阶段，表现为荷载线性增长、曲线斜率增加等，裂纹在该阶段发生稳定扩展；第三阶段为主裂纹加速贯通阶段，表现为曲线到达峰值并突然下跌，此时应变能急剧释放；第四阶段表明试样已经破坏贯通，但仍存在一定的残余强度,在该过程中部分试样会在韧带两端主破裂面附近产生一定的次生裂隙(如图4-5所示)。整个过程显示出变质角砾岩CCNBD试样的弹脆性特征。

(a) 变质角砾岩　　　　　　　　　　(b) 变质凝灰岩

**图4-5　两种岩石V形切槽巴西圆盘试样破坏后**

对比天然状态试样与饱和状态试样的结果曲线,发现饱和状态试样的峰值荷载较天然状态试样有明显的降低,而峰值位移也有一定程度的减小,表明试样在饱水的条件下发生了软化,参数降低。从同一状态三组试样的重复试验结果曲线分析,试验的离散性较小,试验效果较好。

2) 变质凝灰岩荷载-施力点位移曲线

从图4-4(b)可以看出,变质凝灰岩CCNBD试样的整个加载过程可以分为三个阶段:初始阶段为非线性变形阶段,该段曲线呈现凹型,表明V形裂纹尖端的产生;第二阶段为裂纹线性扩展阶段,表现为荷载线性增长、曲线斜率增加等,裂纹在该阶段发生稳定扩展;第三阶段为主裂纹加速贯通阶段,表现为曲线到达峰值并突然下跌,此时应变能急剧释放;试样在发生破坏贯通后,大多发生了急剧的崩裂分离或弹射,因此试验仪器无法记录到残余强度。整个过程显示出变质凝灰岩CCNBD试样的显著的脆性破坏特征。

对比天然状态试样与饱和状态试样的结果曲线,发现饱和状态试样的峰值荷载较天然状态试样有十分明显的降低,而峰值位移也有显著的减小,表明试样在饱水的条件下发生了软化,参数降低;从同一状态三组试样的重复试验结果曲线分析,试验的离散性较小,试验效果较好。

### 4. 破坏模式分析

两种岩石V形切槽巴西圆盘试样的破坏主要表现为由于两端集中力转化为试样韧带处张拉应力从而导致的拉破坏,理论上裂纹会沿着预制裂纹的方向扩展,但从试样破坏情况来看,部分试样的裂纹出现了"拐弯"的现象,即裂纹扩展偏离了预制裂纹面,如图4-6(b)所示,这可能是由于加工试样的锯片厚度较大,加工的切槽宽度达到了2 mm,放大了岩石的各向异性和非均质性,这一点在变质角砾岩中表现得较为明显,故在后续的研究中改善了对切槽的加工工艺。研究认为引起裂纹偏离预制裂纹的另一种可能原因是加载过程中在裂纹尖端产生了剪切应力,这可能与试样加工工艺、荷载施加等因素有关。

如图4-6(a)所示,试样在施力两端有次生裂隙产生,这是由于在试样发生拉裂破坏后,荷载继续施加于原施力点周围,从而引起次生裂隙。对两种不同的岩石试样而言,变质角砾岩的次生裂隙主要表现为韧带周边的局部破坏,破坏后形成碎屑;变质凝灰岩的次生裂隙多表现为脆性破裂,破裂面的位置不固定且离散性较大。

从破裂面的表面形态分析,两种岩石破坏面均表现出V形裂纹尖端光滑,而两端韧带粗糙的特征。变质凝灰岩试样在破坏时大多伴随着高速弹射现象,表现为明显的脆性特征,变质角砾岩试样的弹射现象相比并不多见;而在饱水条件下,两种岩石除强度有明显降低外,弹射现象与声发射现象都有所减少。

(a) 变质角砾岩　　　　　　　　　　　(b) 变质凝灰岩

**图4-6　两种岩石V形切槽巴西圆盘试样破裂面表面形态**

## 4.2　断裂韧度计算

岩石试样断裂韧度值由试验的峰值荷载、试样尺寸和切槽尺寸决定,对断裂韧度的计算可通过式(4-1)及式(4-2)求得。

$$K_{IC} = \frac{P_{max}}{B\sqrt{R}} Y_{min}^*　　　　　　　　　　(4-1)$$

$$Y_{min}^* = u \mathrm{e}^{v\alpha_1}　　　　　　　　　　(4-2)$$

式中:$K_{IC}$ 为岩石试样的 I 型断裂韧度值;$P_{max}$ 为试验测得的峰值荷载;$B$ 为试样的厚度;$R$ 为试样的半径;$Y_{min}^*$ 为试样的最小无量纲应力强度因子;$\alpha_1$ 是与切槽尺寸有关的参数;$u$、$v$ 与试样切槽尺寸有关,可通过查表获得。

最小无量纲强度因子的确定是影响断裂韧度值计算结果的重要因素。采用查表的方法分别确定 $u$、$v$ 两项参数,进而可以得到巴西圆盘试样的最小无量纲应力强度因子。

最终的峰值荷载与相应的断裂韧度值计算结果如表 4-3 所示,其中峰值荷载与断裂韧度的结果采用平均值±标准差的格式。

表 4-3　两种岩石 CCNBD 试样峰值荷载与断裂韧度值

| 编号 | 岩性 | 状态 | 峰值荷载(kN) | 最小无量纲应力强度因子 | 断裂韧度(MPa·m^{1/2}) |
|---|---|---|---|---|---|
| J1-1~J1-3 | 变质角砾岩 | 天然 | 6.254±0.195 | 0.912 | 1.978±0.061 |
| J1-4~J1-6 | 变质角砾岩 | 饱和 | 4.563±0.190 | 0.912 | 1.443±0.060 |
| N1-1~N1-3 | 变质凝灰岩 | 天然 | 3.761±0.433 | 0.912 | 1.189±0.137 |
| N1-4~N1-6 | 变质凝灰岩 | 饱和 | 1.629±0.268 | 0.912 | 0.515±0.085 |

从表 4-3 的试验结果看,变质角砾岩在饱和状态下的峰值荷载与断裂韧度较天然状态下降了 27.04%;变质凝灰岩在饱和状态下的峰值荷载与断裂韧度较天然状态下降了 56.69%。表明饱和情况下,岩石试样储存弹性应变能的能力下降,在储存相同弹性应变能的条件下,饱和状态的岩石抵抗裂纹扩展的能力更差,更容易发生断裂。从标准差分析,四种试样的峰值荷载与断裂韧度都有一定的离散性,这种离散性可由以下几点原因造成:材料的非均质性、加工过程中裂纹尺寸离散性以及加载速率等。但从标准差的大小来看,仍处于误差允

许范围内,因此可以认为该试验使用的 CCNBD 试样测得的断裂韧度值是比较稳定的。

在荷载的加载过程中,试样韧带区产生横向的拉伸变形,在裂隙未发生扩展时会积攒弹性应变能。V 形裂纹的尖端受到最大拉应力,因此在荷载施加足够大时,V 形裂纹尖端将率先发生张拉破坏,从试验来看,该过程发生迅速,能量急剧释放,裂纹快速扩展并偶尔有弹射发生。CCNBD 试样的断裂破坏是一个先由应力集中发生拉破坏,后应变能释放裂纹快速扩展的破坏过程。

## 4.3　基于能量原理的弯曲折断判据

倾倒变形体的变形破坏过程可以简化为悬臂梁的弯曲破坏过程,可以用悬臂梁弯曲吸收的应变能来描述倾倒变形体在外力作用下的蓄能情况。当岩板吸收的弯曲应变能达到裂隙扩展所需要的能量时,裂纹将开始扩展,弯曲应变能转化为裂纹的耗散能,当应变能足够大时,裂隙将张拉贯穿,岩板发生折断破坏。在发生折断破坏后,破坏面上部岩体的弹性应变能几乎释放完毕,可以忽略其剩余的弹性应变能;而破坏面下部岩体可以视作一个新的悬臂梁结构,当满足岩板折断的能量条件时,将会发生第二次折断,即"二级折断";同理可知,当条件允许,岩板的折断面可能有多条。根据图 4-7 演示的悬臂梁岩板多次折断的简化过程,可得到以下的能量关系:

$$U^e = U_1^e + U_1^d \tag{4-3}$$

$$U_1^e = U_2^e + U_2^d \tag{4-4}$$

式中:$U^e$ 为岩板初始的弹性应变能;$U_1^d$ 为第一次折断的耗散能;$U_1^e$ 为第一次折断后剩余的弹性应变能;$U_2^d$ 为第二次折断的耗散能;$U_2^e$ 为第二次折断后剩余的弹性应变能。

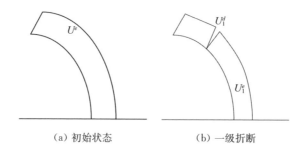

(a) 初始状态　　　　(b) 一级折断

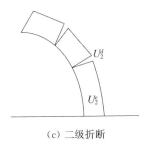

(c) 二级折断

**图 4-7 岩板折断前后能量变化示意图**

将式(4-3)稍作调整,即可得到

$$U^e - U_1^e = U_1^d \tag{4-5}$$

式(4-5)表明岩板折断前后的弯曲应变能差是裂缝扩展的能量来源。将等式两端分别对裂纹长度 $a$ 求导,则有:

$$\frac{\partial(U^e - U_1^e)}{\partial a} = \frac{\partial U_1^d}{\partial a} \tag{4-6}$$

式(4-6)等号左侧即岩板释放能量的速率,等号右侧为岩板的能量释放率 $G_c$,是岩体的固有属性,可通过试验测得。从而,可以建立倾倒变形体弯曲折断的能量判据:

$$G = G_c \tag{4-7}$$

岩板在外力作用下将发生弯曲,轴向压缩和剪切变形,由于岩板长细比较大,因此可不计轴向压缩和剪切消耗的能量,只计算其弯曲应变能。材料力学中对于梁弯曲弹性应变能给出如下表达式:

$$U_0 = \frac{1}{2} \int_l \frac{M_z^2(x)}{EI_z} \mathrm{d}x \tag{4-8}$$

考虑到地下水的作用,倾倒变形体岩板的弹性应变能将分水位线以上和水位线以下两种情况计算。

首先考虑岩板的受力。任取其中的一块岩板,其受到的荷载为自重在垂直岩板方向的分力以及上下岩体的作用力。根据受力可以推导荷载大小为

$$U = \gamma h_n b \sin\alpha - \gamma(K\cos\alpha + \sin\alpha)h_n b \sin\alpha \tag{4-9}$$

式中: $\gamma$ 为岩体容重; $h_n$ 为岩板厚度; $b$ 为岩板宽度; $\alpha$ 为基准面倾角; $K$ 为侧压

力系数。

假定一个距离基准面为 $y$ 的点 $B$，可计算点 $B$ 处的弯矩表达式为

$$M = \frac{1}{2}(l_n - y)^2 \left[ \gamma h_n b \sin\alpha - \gamma (K\cos\alpha + \sin\alpha) h_n b \sin\alpha \right] \quad (4\text{-}10)$$

研究认为，岩板在 $B$ 点折断后，由于裂纹扩展所消耗能量为 $B$ 点以上部分的弯曲应变能以及 $B$ 点以上部分对 $B$ 点以下部分的纯弯曲应变能之和，不包含 $B$ 点以上部分对 $B$ 点以下部分的端部力引起的弯曲应变能，这是因为岩板在折断裂纹快速扩展时，$B$ 点以上部分对 $B$ 点以下部分的纯弯曲作用瞬间消失，而端部力作用需在裂纹完全扩展后才会停止。

从而，考虑 $B$ 点在地下水位线以上和地下水位线以下两种情况，当 $B$ 点在地下水位线以上时，可以积分得到岩板在 $B$ 点处断裂消耗的弹性应变能为

$$U_B^e = \frac{d_1^5 U^2}{40EI} + \frac{(l_n - d_1 - y_0)d_1^4 U^2}{8EI} + \frac{y_0 d_1^4 U^2}{8E'I} \quad (4\text{-}11)$$

式中：$E$ 为岩板天然状态弹性模量；$I$ 为惯性矩；$d_1$ 为岩板一级折断深度。

而当点 $B$ 在地下水位线以下时，岩板折断后 $B$ 点以上部分释放的弹性应变能需要考虑水上部分与水下部分弹性应变能的叠加，首先定义一个能量函数 $E(y, y_0)$，表示长度为 $y$，地下水高度为 $y_0$ 的岩板在均布荷载 $U$ 作用下的弯曲应变能。

$$E(y, y_0) = \frac{y_0^5 U^2}{40E'I} + \frac{y_0(y - y_0)^4 U^2}{4E'I} +$$

$$\frac{y_0^3(y - y_0)^2 U^2}{3E'I} + \frac{y_0^2(y - y_0)^3 U^2}{2E'I} + \frac{(y - y_0)^5 U^2}{40EI} \quad (4\text{-}12)$$

式中：$E'$ 为岩板饱和状态的弹性模量，$E$ 为岩板天然状态的弹性模量。

此时裂纹耗散能可以具体表达为

$$U_B^e = E(d_1, d_1 - l_n + y_0) + \frac{(l_n - d_1)d_1^4 U^2}{8E'I} \quad (4\text{-}13)$$

特别地，对于整个岩板发生断裂前的弹性应变能，只需令 $y = l_n$ 即可。

岩板的一级折断可能发生于地下水位线以上，也可能发生于地下水位线以下。对于地下水位线以上的情况，当折断发生时，由式（4-7）的能量释放率判

据可知,满足的条件为

$$\frac{d_1^5 U^2}{40EI} + \frac{(l_n - d_1 - y_0)d_1^4 U^2}{8EI} + \frac{y_0 d_1^4 U^2}{8E'I} = G_c h_n b \qquad (4\text{-}14)$$

式中:$d_1$ 为一级折断深度。

从而,解此一元五次方程就可得到地下水位线以上的一级折断深度。

当地下水位线以上的岩板的弹性应变能不足以引起地下水位线上部发生折断时,则可能在地下水位线以下发生折断,此时满足:

$$E(d_1, d_1 - l_n + y_0) + \frac{(l_n - d_1)d_1^4 U^2}{8E'I} = G_c h_n b \qquad (4\text{-}15)$$

此时,可通过求解式(4-15)得到一级折断深度。并且,计算得到的折断深度不超过岩板长度才为有效,否则判断为不发生折断。

同理可以进行多级折断深度的计算,此时只需要将岩板长度 $l_n$ 替换为 $l_n - d_1$,具体计算流程如图 4-8。

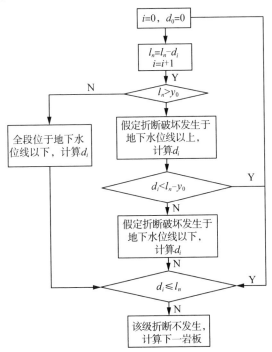

**图 4-8 能量释放率判据计算弯曲倾倒多级折断深度流程图**

如不考虑地下水作用时,可将多级折断计算表达式退化为一般情况,此时令 $y_0 = 0$,就可以得到岩板在不受地下水作用时的折断破坏能量释放关系式:

$$\frac{d_1^5 U^2}{40EI} + \frac{(l_n - d_1)d_1^4 U^2}{8EI} = G_c h_n b \tag{4-16}$$

从而可以通过数值求解一元五次方程得到在不考虑地下水作用时岩板的一级折断深度。

考察式(4-16)可以发现,当岩板长度较短时,可能无法发生折断,此时令 $l_n = d_1$,可以得到岩板发生折断所需的临界长度:

$$l_{\min} = \sqrt[5]{\frac{40EIG_c h_n b}{U^2}} \tag{4-17}$$

从式(4-17)可以看出,岩板发生折断所需的临界长度随岩板刚度、能量释放率的增大而增大,随岩板受到的弯曲荷载的增大而减小,而弯曲荷载 $U$ 与侧压力系数、岩板倾角等都有一定的关系。

比较倾倒变形体弯曲折断的最大拉应力判据和能量释放率判据,可以发现能量释放率判据在不考虑地下水时能够直接对折断临界长度进行表达,且折断深度表达式更为简单。

## 4.4　弯曲折断破坏判定方法

计算模型与参数与前述的 1# 倾倒变形体概化模型一致,将岩板弯曲考虑为平面应变问题,岩板的能量释放率可由式(4-18)得到,岩石的断裂韧度由 V 形切槽巴西圆盘法试验结果确定,由于变质凝灰岩试验结果离散性较大,且破坏多沿软弱节理扩展,导致实际测得的断裂韧度值偏小,故岩板的断裂韧度取变质角砾岩的断裂韧度平均值。其具体数值如表 4-4 所示,其中岩石的变形参数与抗拉强度基于前述三轴渗流-应力耦合试验及相关经验获取。

$$G_{IC} = \frac{K_{IC}^2}{E}(1 - \nu^2) \tag{4-18}$$

表 4-4　倾倒变形体天然与饱和状态的相关力学参数

| 状态 | 弹性模量（GPa） | 泊松比 | 断裂韧度（MPa·m$^{1/2}$） | 能量释放率（J·m$^{-2}$） | 容重（kN·m$^{-3}$） | 抗拉强度（MPa） |
|------|------|------|------|------|------|------|
| 天然 | 13.08 | 0.20 | 1.98 | 287.74 | 24.50 | 0.60 |
| 饱和 | 6.51 | 0.29 | 1.44 | 291.73 | 25.30 | 0.45 |

可以发现,饱和状态的变质角砾岩的能量释放率与天然状态下相当,甚至略大。这表明,尽管含水量的增大减小了变质角砾岩的极限储能能力,使岩体抵抗裂纹扩展的能力下降,但单位面积裂纹扩展所消耗的能量变化不大。

根据两种弯曲折断判据,对 1$^\#$ 倾倒变形体概化模型 160 块岩板进行弯曲折断一级折断深度计算,计算结果如图 4-9 所示。从图中可以看出,两种判据计算的岩板折断深度以及变化规律相当,有着较好的一致性。能量释放率判据计算的岩板临界折断长度较最大拉应力判据小;能量释放率判据计算结果显示第 1~42 块岩板不发生折断,第 43~160 块岩板发生折断,最大拉应力判据计算结果显示第 1~52 块岩板不发生折断,第 53~160 块岩板发生折断,能量释放率判据计算的折断范围更大;能量释放率判据计算的中后部岩板的折断深度总体上小于最大拉应力判据的计算结果,但在岩板靠近较后缘,岩板长度较大时,前者计算的折断深度逐渐大于后者。

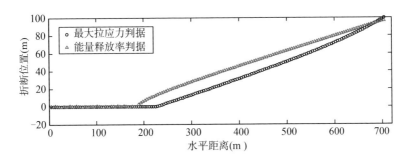

图 4-9　两种判据计算的 1$^\#$ 倾倒变形体一级折断深度对比

倾倒变形体的弯曲折断判定需要同时满足最大拉应力判据与能量释放率判据,即满足其中一个判据并不能确定是否发生折断破坏。例如,满足最大拉应力判据,若储存的弹性应变能不能达到裂纹扩展所需的耗散能,则折断不发生,反之,满足能量释放率判据,若未在岩层表面产生初始裂纹,则应变能也不能释放。因此,倾倒变形体的弯曲折断实际上是先因为岩层表面的拉应力达到岩石的极限抗拉强度产生拉裂隙,后释放应变能致使拉裂隙扩展并贯通形成的折断现象。对于 $1^{\#}$ 倾倒变形体而言,通过计算可以发现其在满足最大拉应力判据的同时又满足了能量释放率判据,故建议采用最大拉应力准则研究其破坏深度以及弯曲破坏机制。

# 第五章　倾倒变形体地震稳定性分析

结合黄登水电站 1# 倾倒变形体工程实际，建立 1# 倾倒变形体数值计算模型，考虑到黄登水电站坝址区地震动力条件，开展了地震作用下倾倒变形体动力时程反应分析与稳定性分析。开展了库水位变化作用下的变形破坏机理研究，并与监测数据进行对比分析，揭示库水位变动因素对于 1# 倾倒变形体安全性的影响。数值计算结果表明，1# 倾倒变形体受水动力作用和地震动力作用影响均较大，在库水位骤降、地震工况下发生失稳破坏的风险较大。

## 5.1　地震作用下稳定性分析

### 5.1.1　匹配规范设计谱的设计地震动

黄登水电站 1# 倾倒变形体属 B 类 I 级岸坡，标准设计反应谱 $\beta$ 与自振周期 $T$ 关系见式(5-1)，其中水电工程边坡设计反应谱最大值的代表值取 $\beta_{\max} = 2.25$。基于《中国地震动参数区划图》(GB 18306—2015)，参考 2006 年 2 月中国地震局地质研究所发布的《澜沧江黄登水电站工程场地地震安全性评价和水库诱发地震评价报告》，兰坪县营盘镇坝址区场地的特征周期可取 $T_g = 0.35$ s，设计反应谱曲线段可按下式取值：

$$\beta(T) = \beta_{\max}\left(\frac{T_g}{T}\right)^{0.6} \tag{5-1}$$

根据《水电工程水工建筑物抗震设计规范》(NB 35047—2015)，综合考虑实际情况，水平方向反应谱按基本烈度相对应的基准期 50 年超越概率 10% 的设防地震设计，峰值加速度为 0.123g（$g$ 为当地重力加速度，可近似取 9.80 m/s²)，竖直方向设计反应谱取水平方向设计反应谱的 2/3，加速度设计反应谱如图 5-1 所示。

选择 2014 年云南鲁甸地震时采集的鲁甸地震波（包括南-北方向、东-西方向和垂直向)，持续时间长度 40 s，时间间隔 0.01 s。

水电工程抗震设计分析所关注频率下限和上限分别为 $f_{\min} = 0.2$ Hz 和 $f_{\max} = 50$ Hz，相应的本征函数选取频率下限和频率上限分别为

$$N_{\min} = \lceil 2 \times T \times f_{\min} - 1 \rceil = \lceil 2 \times 40 \times 0.2 - 1 \rceil = 15 \tag{5-2}$$

$$N_{\max} = \lfloor 2 \times T \times f_{\max} - 1 \rfloor = \lfloor 2 \times 40 \times 50 - 1 \rfloor = 3\ 999 \tag{5-3}$$

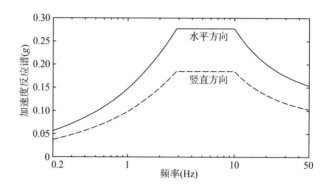

**图 5-1 水平方向和竖直方向加速度设计反应谱**

　　设置匹配精度为:在频率范围[0.6,25]Hz 内,时程反应谱与目标设计反应谱相对误差均小于 0.3%;同时在全频率范围内,时程反应谱与目标设计反应谱相对误差均小于 5%。利用影响矩阵方法逐个获得两个水平方向和竖直方向设计地震动时程,这些时程分别匹配三个方向的加速度设计反应谱,同时首尾归零,并满足彼此之间的连续性要求,如图 5-2 所示。

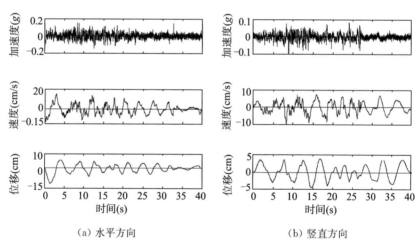

（a）水平方向　　　　　　　　　　　（b）竖直方向

**图 5-2 设计地震动时程**

## 5.1.2　数值模型构建

　　选取最具代表性的 A - A′剖面用于倾倒变形体数值计算,该地质剖面相应的数值计算模型分别如图 5-3 和图 5-4 所示。

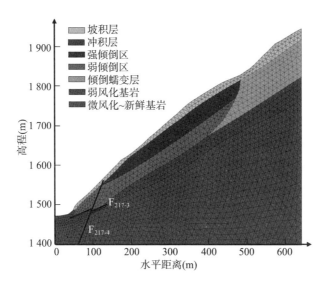

图 5-3　倾倒变形体天然剖面材料分区

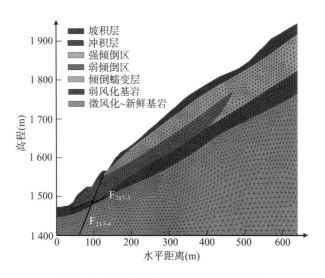

图 5-4　倾倒变形体开挖后剖面材料分区

　　模型在水平方向($x$ 方向或沿剖面方向)的长度为 654.60 m,竖直方向($z$ 方向)高度为 560.00 m,模型中共有 5 028 个节点和 6 350 个单元。由于工程建设期间,分别在高程 1 528.30m 和 1 570.13 m 处开挖了施工交通道路,并对倾倒变形体采用锚索支护,为模拟工程正常运行期间,道路开挖以及锚索支护对于 1# 倾倒变形体的影响,建立了施工道路开挖后的计算剖面,该模型共有

9 699 个节点和 12 424 个单元。

## 5.1.3 计算工况及参数

根据《水电水利工程边坡设计规范》(DL/T 5353—2006),结合黄登水电站坝前右岸 1# 倾倒变形体所属枢纽工程等级、水工建筑物级别、倾倒变形体所在位置以及重要性等,得出 1# 倾倒变形体岩质边坡为 B 类 I 级水库边坡。结合工程抗震稳定性分析的需要,主要考虑如下三种设计地震计算工况:

工况一:天然坡体(施工前)+设计地震;

工况二:正常蓄水位(施工完建,不加锚)+设计地震;

工况三:正常蓄水位(施工完建,考虑加锚)+设计地震。

如表 5-1 所示为 1# 倾倒变形体计算所选用的材料物理力学参数,Ⅲ级结构面断层 $F_{217-3}$ 和 $F_{217-4}$ 的数值计算参数如表 5-2 所示。在计算过程中,位于计算水位线以下的坡体采用饱和参数,其余均采用天然参数。1# 倾倒变形体各工况下的数值计算均采用带抗拉的摩尔库伦本构模型。

**表 5-1 倾倒变形体数值模型物理力学计算参数**

| 地层类型 | 弹性模量 $E$(MPa) | 泊松比 $\mu$ | 密度 $\rho$(kg/m³) | | 内摩擦角 $\varphi$(°) | | 粘聚力 $c$(MPa) | |
| --- | --- | --- | --- | --- | --- | --- | --- | --- |
| | | | 天然 | 饱和 | 天然 | 饱和 | 天然 | 饱和 |
| 坡积层(Qdl) | 1 000 | 0.30 | 1 900 | 1 950 | 20 | 19 | 0.08 | 0.06 |
| 冲积层(Qal) | 1 200 | 0.30 | 1 930 | 1 980 | 20 | 19 | 0.10 | 0.08 |
| 强倾倒区 | 2 000 | 0.30 | 2 000 | 2 050 | 22 | 20 | 0.30 | 0.10 |
| 弱倾倒区 | 4 000 | 0.27 | 2 170 | 2 220 | 32 | 27 | 0.60 | 0.40 |
| 倾倒蠕变层 | 7 000 | 0.22 | 2 330 | 2 380 | 38 | 32 | 0.80 | 0.70 |
| 弱风化 $T_3xd$ | 16 000 | 0.22 | 2 400 | 2 450 | 45 | 39 | 1.10 | 0.90 |
| 微~新 $T_3xd$ | 18 000 | 0.20 | 2 500 | 2 550 | 50 | 42 | 1.20 | 1.00 |

**表 5-2 结构面数值计算参数**

| 断层 | 内摩擦角 $\varphi$(°) | | 粘聚力 $c$(MPa) | | 法向刚度 $Kn$(MN/m) | 切向刚度 $Ks$(MN/m) |
| --- | --- | --- | --- | --- | --- | --- |
| | 天然 | 饱和 | 天然 | 饱和 | | |
| $F_{217-3}$ 和 $F_{217-4}$ | 22 | 20 | 0.8 | 0.5 | 8 000 | 4 000 |

在动力计算过程中选取自由场边界设置于倾倒变形体模型的各个侧边界上。基岩为三叠系上统小定西组($T_3xd$)出露最为广泛,岩石整体较坚硬,岩体

较完整,因此动力荷载的施加考虑直接在模型底部施加速度时程。动力计算中采用岩土体常用的 5% 阻尼比系数,即局部阻尼系数为 $\pi\zeta = 3.14 \times 0.05 = 0.157$。

利用设计地震速度时程东-西方向分量作为水平 $x$ 方向地震动激励,设计地震速度时程竖直方向分量作为竖直 $z$ 方向地震动激励,同时输入到数值模型底部($z = 0$)。为刻画震动过程对于倾倒变形体造成的时效响应以及震后影响,设计地震速度时程持续时间长度 40 s,整个动力计算过程除震动时长 40 s 以外,接着进行持续 2 s 的无激励条件下的响应计算。

### 5.1.4 动力响应规律

研究从坡面和坡体内部动力响应系数分布规律两个方面了解倾倒变形体各部位反应的不同特点,得到黄登水电站 1# 倾倒变形体在地震作用下的动力响应规律,对工程中倾倒变形体安全性评价有着重要的价值。

1) 动力响应系数

速度或加速度动力响应系数分别定义为速度或加速度峰值响应与输入地震动速度或加速度峰值的比值,即

$$\alpha_A = \frac{|A^{\text{out}}|_{\text{max}}}{|A^{\text{in}}|_{\text{max}}} \tag{5-4}$$

其中,$\alpha_A$ 表示加速度的动力放大系数;$A^{\text{in}}$ 和 $A^{\text{out}}$ 分别指某测点地震动输入加速度以及动力响应加速度时程,即 $|A^{\text{in}}|_{\text{max}}$ 和 $|A^{\text{out}}|_{\text{max}}$ 分别指输入地震动和响应时程的峰值加速度。

为研究整个倾倒变形体各个部分的动力响应的规律,在动力计算开始之前分别在坡面及坡体内部沿不同高程以及不同水平深度,设定如图 5-5 所示的 37 个监测点,其中包括模型底部的 1 个监测点 B0,坡面的 8 个监测点 S1~S8,以及坡体内部的 28 个监测点 N1~N28。当输入边界为较硬岩体时,底部监测点 B0 所测得的加速度、速度和位移时程将与输入地震动时程几乎一致。坡面监测点 S1~S8 用于定量衡量单面坡的自由面放大效应,同时坡体内部监测点 N1~N28 用于刻画整个坡体的动力响应规律。

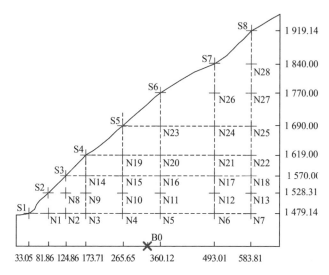

图 5-5　动力计算过程位移监测点分布图(单位:m)

2)坡面加速度动力响应分布规律

天然坡体在水平和竖直方向设计地震动共同激励作用下,分别记录坡面监测点 S1~S8 水平和竖直方向加速度响应时程,如图 5-6 所示。

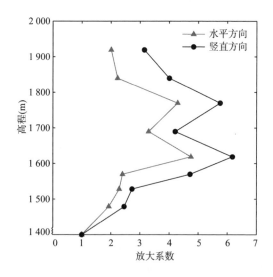

图 5-6　倾倒变形体不同高程水平和竖向加速度动力响应系数

由图 5-6 可见,水平和竖直方向坡面加速度时程在高程方向均存在着非线性放大效应,即坡面各点加速度响应峰值与输入加速度绝对值的比值均大于

1。随着监测点所在高程的增大,水平方向和竖直方向加速度动力响应系数大体上随之增大,且水平方向加速度动力响应系数均不大于竖直方向,体现了倾倒变形体对竖直方向地震不可忽略的响应。位于高程 1 619.00 m 和 1 770.00 m 处的监测点 S4 和 S6 具有相对较强的放大效应。监测点 S4 处较明显的放大效应,主要体现了断层 $F_{217-4}$ 的存在对倾倒变形体动力响应特性的影响;监测点 S6 位于极强倾倒区中上部外凸位置,存在一定的凸面放大效应。

3)坡体内部加速度动力响应分布规律

在动力计算过程中,除倾倒变形体表面的监测点以外,还布置了 28 个位于坡体内不同高程不同水平深处的监测点 N1～N28。为研究坡体加速度动力响应随着高程的变化规律,分别统计计算了不同水平距离时,来自倾倒变形体监测点 S4～S8、N3～N7 和 N9～N28 的加速度响应沿高程的分布规律。

图 5-7 为倾倒变形体体内各监测点加速度水平和竖直方向分量沿高程的分布规律。由图可知,不论是水平方向还是竖直方向加速度响应,都在竖直方向存在着明显的放大效应。对于具有相同水平位置的监测点来说,坡体内部监测点的加速度水平方向和竖直方向的动力响应均随着高程的增加而小幅度增大,同时坡面监测点相对于坡体内部监测点的加速度响应显著增大。以位于水平坐标为 173.71 m 处的各监测点水平方向加速度响应为例,随高程的增加,坡体内部监测点 N3、N9、N14 的水平方向加速度动力响应系数分别为 0.91、1.06 和 1.58,而坡面监测点 S4 的加速度动力响应系数达到 4.0,具有明显的自由面放大效应。整体而言,竖直方向加速度响应值均大于水平方向。

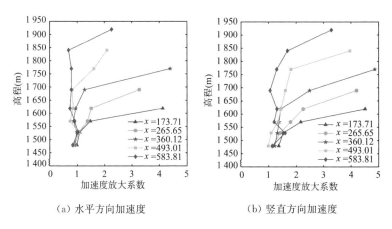

(a)水平方向加速度          (b)竖直方向加速度

**图 5-7　坡体内部加速度响应沿高程分布**

图 5-8 为倾倒变形体监测点加速度水平和竖直方向分量沿水平方向的分布规律。由图可知,不论是水平方向还是竖直方向的加速度响应,都存在着明显的放大效应。在同一高程上,距离倾倒变形体自由坡面越近,水平和竖直方向加速度动力响应系数越大,并且坡面处动力响应系数较坡体内部大幅增大。以高程 1 690.00 m 处各监测点水平方向加速度响应为例,根据与临空面距离由远及近的顺序,坡体内部监测点 N25、N24 和 N23 的水平方向加速度动力响应系数分别为 0.77、0.86 和 1.41,呈小幅度增大的趋势,而坡面监测点 S5 的水平方向动力响应系数为 3.32,自由面放大效应明显。倾倒变形体监测点竖直方向加速度动力响应系数沿水平方向与临空面不同距离的分布规律与水平方向大致相似,竖直方向动力响应系数基本略大于水平方向。

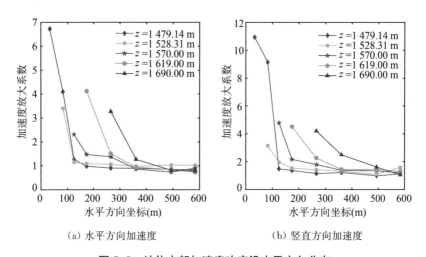

(a) 水平方向加速度　　　　　　(b) 竖直方向加速度

**图 5-8　坡体内部加速度响应沿水平方向分布**

## 5.1.5　地震作用下动力稳定性分析

### 1. 震后永久位移

分别提取 8 个坡面监测点的水平和竖直方向的地震动位移时程,用于分析在三种不同计算工况下,各个坡面测点震后的永久位移分布情况,以及倾倒变形体的整体稳定性评价。

如图 5-9(a)和(b)所示,分别为设计地震动作用下,仅考虑地下水位的天然坡体的各个坡面监测点 S1~S8 水平及竖直方向位移响应曲线。由于倾倒变形体岩体不是完全弹性体,各个监测点的位移时程响应均不相同。各测点震后(40秒之后)计算位移变化不明显,表明震后位移不再持续增大。随着测点高程的增加,各测点震动幅度有不同程度的降低,水平永久位移大体上逐渐增大。测点水平方向永久位移最大值发生在监测点 S8(高程 1 919.14 m)处,为－5.75 cm。竖直方向永久位移最大值发生在监测点 S1(高程 1 479.14 m)处,为－3.01 cm。由于地下水位在河谷处自由面高程为 1 479.00 m,在测点 S1 附近,即体现了受地下水作用引起岩土体材料的弱化,导致了相对较大的坡体变形。

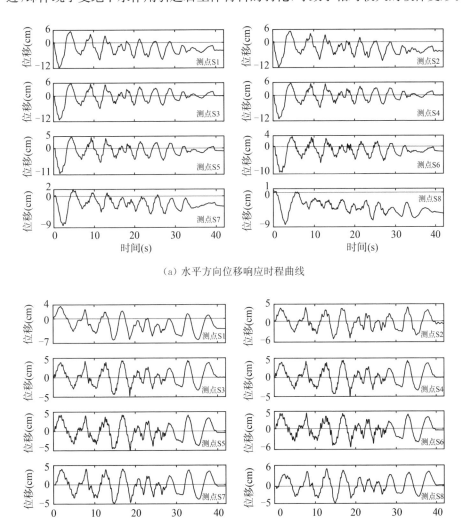

(a) 水平方向位移响应时程曲线

(b) 竖直方向位移响应时程曲线

**图 5-9　工况一坡面测点位移响应时程曲线**

如图 5-10 和图 5-11 所示,分别为设计地震动作用下,坡体上施工道路开挖后未支护和锚索支护在正常蓄水位工况下坡面监测点水平及竖直方向位移响应曲线。震动结束后的无动力计算结果中,测点位移不再持续发展,表明岩体整体仍处于相对稳定的状态。正常蓄水位条件下的工况二和工况三中各测点水平和竖直方向位移较工况一而言,整体有所增加。工况二和工况三中的水平方向永久位移最大值均发生于测点 S8(高程 1 919.14 m)处,分别为 $-5.88$ cm 和 $-6.07$ cm;竖直方向永久位移最大值均发生于测点 S3(高程 1 570.00 m)处,分别为 $-1.01$ cm 和 $-1.25$ cm,体现了岩体中断层 $F_{217-4}$ 造成的错动作用。

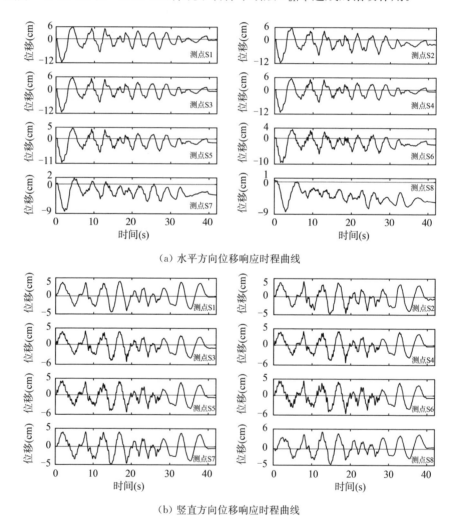

(a) 水平方向位移响应时程曲线

(b) 竖直方向位移响应时程曲线

图 5-10　工况二(不加锚)坡面测点位移响应时程曲线

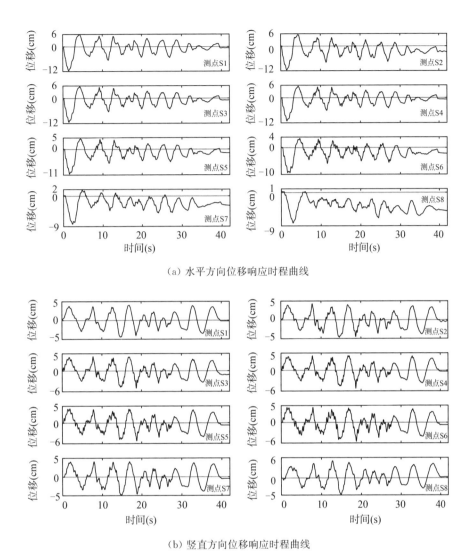

（a）水平方向位移响应时程曲线

（b）竖直方向位移响应时程曲线

**图 5-11　工况三（加锚）坡面测点位移响应时程曲线**

表 5-3 为天然坡体、正常蓄水位＋施工道路开挖以及正常蓄水位＋施工道路开挖＋锚索支护等三个工况下，坡面各个监测点水平及竖直方向震后永久位移。震动结束后，工况二和工况三的坡面各监测点位移也趋于收敛，收敛于较工况一略大的位移值。

**表 5-3 坡面测点震后永久位移(单位:cm)**

| 坡面监测点编号 | 工况一 | | | 工况二 | | | 工况三 | | |
|---|---|---|---|---|---|---|---|---|---|
| | 水平方向 | 竖直方向 | 合位移 | 水平方向 | 竖直方向 | 合位移 | 水平方向 | 竖直方向 | 合位移 |
| S1 | −3.84 | −3.01 | 4.88 | −0.52 | −0.16 | 0.54 | −0.82 | −0.20 | 0.84 |
| S2 | −4.58 | −0.63 | 4.62 | −2.42 | −0.52 | 2.47 | −3.39 | −0.35 | 3.41 |
| S3 | −0.08 | 0.05 | 0.09 | −1.00 | −1.01 | 1.42 | −1.10 | −1.25 | 1.67 |
| S4 | −0.19 | −0.06 | 0.20 | −0.85 | −0.31 | 0.90 | −0.91 | −0.32 | 0.96 |
| S5 | −1.24 | −0.42 | 1.31 | −1.75 | −0.60 | 1.85 | −1.93 | −0.67 | 2.04 |
| S6 | −1.91 | −0.52 | 1.98 | −2.47 | −0.63 | 2.55 | −2.65 | −0.70 | 2.75 |
| S7 | −3.08 | −0.44 | 3.12 | −3.33 | −0.40 | 3.35 | −3.44 | −0.47 | 3.47 |
| S8 | −5.73 | 0.32 | 5.73 | −5.88 | 0.39 | 5.89 | −6.07 | 0.32 | 6.08 |

**2. 基于剪应变和主拉应变损伤理论的安全性评价**

黄登水电站上游右岸 1# 倾倒变形体变形特征较为复杂,倾倒变形体底部沿 $F_{217-3}$ 断层主要发生倾倒-剪切滑移变形,上部岩体后缘主要发生张拉或拉剪变形破裂,呈现为受底部滑移变形控制的前缘及深部剪切、后缘拉裂的复合变形模式。在该类具有复杂变形特征的实际工程当中,往往无法得到统一的损伤演化方程。考虑到岩体变形主要为深部剪切-后缘拉裂的变形模式,使得岩体中的节理、裂隙等延伸扩展,甚至产生新的张拉裂隙,造成岩体的损伤。因此,基于最大剪应变和主拉应变理论,提出了岩体的损伤变量 $D$ 的表达形式,

$$D = 1 - e^{-R_1\langle\gamma_{max}-\gamma_0\rangle - R_2\langle\bar{\varepsilon}-\varepsilon_0\rangle} \tag{5-5}$$

其中,$\gamma_{max}$ 为岩体变形的最大剪应变,$\gamma_0$ 为剪应变初始损伤阈值,等效拉应变为 $\bar{\varepsilon} = \langle\varepsilon_1\rangle + \langle\varepsilon_2\rangle + \langle\varepsilon_3\rangle$,$\varepsilon_1$、$\varepsilon_2$ 和 $\varepsilon_3$ 分别为三个方向的主应变,$\varepsilon_0$ 为主拉应变初始损伤阈值,$R_1$ 和 $R_2$ 均为材料相关参数。所涉及尖括号 $\langle x \rangle$ 的运算法则均为

$$\langle x \rangle = \begin{cases} 0 & x < 0 \\ x & x \geq 0 \end{cases} \tag{5-6}$$

考虑 Mohr-Coulomb 屈服准则 $f$ 可表示为,

$$f = \tau - c - \sigma_n \tan\varphi = 0 \tag{5-7}$$

其中,$c$ 和 $\varphi$ 分别为粘聚力和内摩擦角,$\tau$ 和 $\sigma_n$ 分别为剪应力和正应力。

岩体进入屈服时的极限剪应变 $\gamma_y$ 可按下式计算

$$\gamma_y = \frac{c + \sigma_n \tan\varphi}{G} \tag{5-8}$$

其中，$G$ 为剪切模量。取初始损伤阈值为岩体进入屈服时的极限剪应变，即 $\gamma_0 = \gamma_y$。考虑岩体抗拉强度为 $\sigma^t$，可近似选取主拉应变初始损伤阈值为 $\varepsilon_0 = \sigma^t / E$。那么当岩体变形的最大剪应变未达到剪应变初始损伤阈值，或等效拉应变未达到主拉应变初始损伤阈值时，即 $\gamma_{max} < \gamma_0$ 或 $\bar\varepsilon < \varepsilon_0$ 时，岩体材料未发生损伤；当最大剪应变大于初始损伤阈值，或等效拉应变大于主拉应变初始损伤阈值时，即 $\gamma_{max} \geqslant \gamma_0$ 或 $\bar\varepsilon \geqslant \varepsilon_0$ 时，岩体材料发生损伤，损伤变量 $D$ 按式(5-5)计算。

如图 5-12 所示，为 A—A' 剖面计算模型在地震动力作用下，基于最大剪应变和主拉应变损伤判据计算得到的损伤分布图。由图 5-12(a)可知，在工况一天然坡体中，损伤区域的分布范围从坡表到深部逐渐降低。损伤变量 $D$ 大于 0.15 的区域范围较小，主要分布在坡面下部浅层部、中部和上部的局部范围。倾倒变形体中上部损伤程度较弱，损伤程度较重区域为倾倒变形体下部断层出露部位以下。损伤变量 $D$ 最大值为 0.51，最大值发生于坡体下部 $F_{217-4}$ 断层的出露处，表明地震作用下 $F_{217-4}$ 断层内部容易出现较大的剪切累积变形从而有造成浅表层局部失稳的可能。这是由于在刚性较大的岩体内部存在软弱节理面，弱化了岩体的抗剪强度，增大了发生剪切滑移破坏的可能。

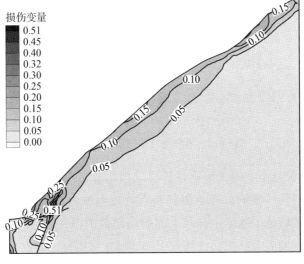

(a) 工况一：天然坡体

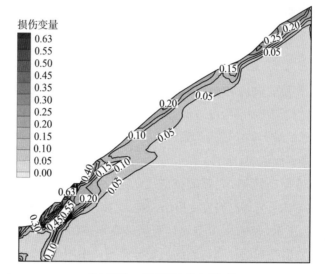

(b) 工况二:正常蓄水位＋不加锚

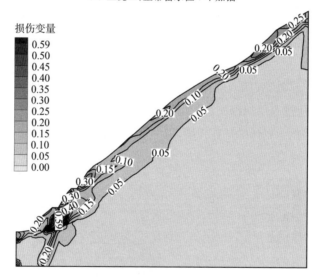

(c) 工况三:正常蓄水位＋锚索支护

图 5-12　不同工况下剖面损伤分布图

　　正常蓄水位且不加锚工况下计算得到损伤分布图如图 5-12(b)所示。与工况一相似,损伤区域的分布范围仍是自坡表至坡内逐步降低。损伤变量 $D$ 大于 0.15 的区域范围除了中部和上部的局部范围以外,主要分布在坡面下部浅层部。其中,坡表上部损伤区域较中部区域加深明显。若以垂直坡面距离定义损伤等值圈深度,那么损伤分布明显较深部位主要分布在倾倒变形体下部及上部倾倒变形体后缘附近。工况二计算得到损伤变量最大值为 0.63,大于工况一。对比工况一可知,工况二具有更广的损伤范围,也具有更深的损伤深度,尤其是在库水位(高程 1 619.00 m)以下,两条公路的开挖边界处,一定程度上也反映了地下水对岩体强度及变形特性的弱化。另外,损伤数值较大且损伤区域较深部位除了断层 $F_{217-4}$ 和 $F_{217-3}$ 附近以外,还分布于倾倒变形体后缘(即倾倒蠕变区前缘)。倾倒松弛区后缘处于深部蠕变滑移的变形模式,同样有发生较大剪切应变的可能,因此损伤区域沿后缘向深部发育。

图 5-12(c)中考虑锚索支护作用后,倾倒变形体岩体的损伤分布规律与工况二大致相似,损伤程度整体变化不明显,主要分布于断层 $F_{217-4}$ 附近范围。最大损伤值为 0.59,发生于断层 $F_{217-4}$ 深部。与工况二相比,施工道路开挖所形成的坡体局部附近损伤程度和深度均有所降低。因此,锚索支护对于施工道路开挖倾倒变形体局部稳定性有正面作用,但对于改善坡体下部断层附近岩体稳定性以及倾倒变形体整体稳定性无明显效果。为了工程长期安全运行,仍需加强监测与关注。

## 5.2 水动力和地震稳定性评价

### 5.2.1 设计安全系数

根据规范要求,边坡工程应按下列三种设计工况进行设计:

(1) 持久设计工况:主要为边坡正常运行工况,此时应采用基本组合设计。

(2) 短暂设计工况:包括施工期缺少或部分缺少加固力;缺少排水设施或施工用水形成地下水位增高;运行期暴雨或久雨、或可能的泄流雾化雨,以及地下排水失效形成的地下水位增高;水库水位骤降等情况。此时应采用基本组合设计。

(3) 偶然设计工况:主要为遭遇地震、水库紧急放空等情况,此时应采用偶然组合设计。

根据规范要求结合 1# 倾倒变形体工程实际,1# 倾倒变形体属于 B 类 Ⅰ 级水库边坡。研究所涉及的库水位变动、地震工况属于偶然设计工况,1# 倾倒变形体设计安全系数应取 1.05。

### 5.2.2　水动力作用计算方案

黄登水电站 91 天的水库调度方案显示,该阶段库水位最大降幅为 29.06 m。结合 1# 倾倒变形体地质资料,开展距离坝址较近的Ⅶ-Ⅶ′剖面的安全性复核研究。

将 1# 倾倒变形体Ⅶ-Ⅶ′剖面复杂的地质原型概化为岩体力学数值模型,主要包括强折断带、弱折断带、倾倒蠕变区、弱风化及微～新基岩层($T_3xd$)等。数值模型单元为四边形单元,单元数为 2 223,节点数为 2 303,如图 5-13 所示。

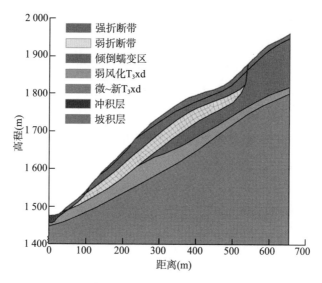

**图 5-13　1# 倾倒变形体Ⅶ-Ⅶ′剖面数值计算模型**

如表 5-4 所示为 1# 倾倒变形体各类岩体数值计算所选用的物理力学参数。1# 倾倒变形体各工况下的数值计算均采用摩尔库伦本构模型。

**表 5-4　倾倒变形体数值模型物理力学计算参数**

| 地层类型 | 弹性模量 $E$(MPa) | 泊松比 $\mu$ | 密度 $\rho$(kg/m³) | 内摩擦角 $\varphi$(°) | 粘聚力 $c$(MPa) |
|---|---|---|---|---|---|
| 强折断带 | 700 | 0.3 | 2 100 | 29 | 0.11 |
| 弱折断带 | 1 100 | 0.3 | 2 250 | 32 | 0.22 |
| 倾倒蠕变层 | 1 300 | 0.28 | 2 550 | 38 | 0.85 |
| 弱风化 $T_3xd$ | 1 700 | 0.23 | 2 650 | 45 | 1.2 |
| 微～新 $T_3xd$ | 2 000 | 0.2 | 2 790 | 52 | 1.6 |

根据黄登水电站水库实际调度运行资料，主要考虑以下六种计算工况：

工况 1：正常蓄水位；

工况 2：正常蓄水位骤降 5 m 用时 2.5 d；

工况 3：正常蓄水位骤降 10 m 用时 5 d；

工况 4：正常蓄水位骤降 20 m 用时 10 d；

工况 5：正常蓄水位骤降 30 m 用时 10 d；

工况 6：正常蓄水位骤降 35 m 用时 15 d。

## 5.2.3　计算结果与分析

### 1. 应力状态

图 5-14 为 1# 倾倒变形体主应力分布云图，可以看出，最大主应力均为正值，说明倾倒变形体基本处于压应力状态。最大主应力量值随深度增加而增加，应力等势线与坡面基本平行，正常蓄水位情况下，强折断带和上覆堆积体最大主应力范围在 0.0～2.0 MPa。上覆堆积体最小主应力局部出现负值，最大拉应力约为 0.5 MPa。最小主应力量值随深度增加而增加，应力等势线与坡面形态相似，在库水位变动时，最小主应力变化相对较小。

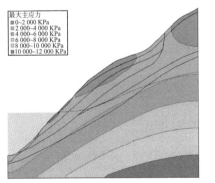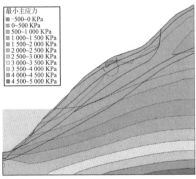

**图 5-14　正常蓄水位工况 1# 倾倒变形体应力状态**

### 2. 孔隙水压力

库水位在汛期 90 d 自正常蓄水位按不同工况分别降低 5 m、10 m、20 m、30 m 和 35 m 的情况下，1# 倾倒变形体孔隙水压力云图如图 5-15 所示。从图中可以看出，不同工况计算条件下，1# 倾倒变形体孔隙水压力分布规律大致相同。

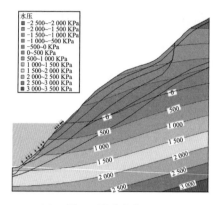

(a) 工况 1：正常蓄水位 1 619 m

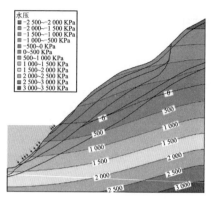

(b) 工况 2：正常蓄水位 1 619 m 骤降 5 m

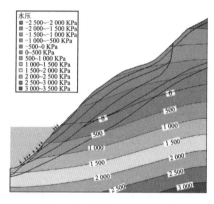

(c) 工况 3：正常蓄水位 1 619 m 骤降 10 m

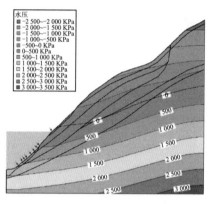

(d) 工况 4：正常蓄水位 1 619 m 骤降 20 m

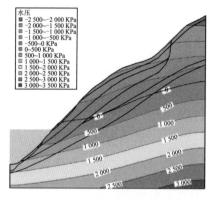

(e) 工况 5：正常蓄水位 1 619 m 骤降 30 m

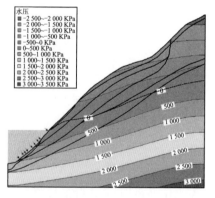

(f) 工况 6：正常蓄水位 1 619 m 骤降 35 m

**图 5-15　不同工况下孔隙水压力分布示意图**

## 3. 变形分析

在汛期 90 d 水库调度过程中,1#倾倒变形体Ⅶ-Ⅶ'剖面上 4 个监测点表面位移监测值与计算值对比如图 5-16～图 5-19 所示。从图中可以看出,数值计算结果与监测结果总体变化趋势基本一致。

表面位移计 GTP05 位于高程 1 653 m 处,随库水位骤降变化明显,在库水位骤降过程中突增约 13 mm,库水位不发生骤降,位移逐渐趋于稳定变化,位移变化略滞后于库水位变化。表面位移计 GTP06、GTP07 和 GTP08 分布在 1#倾倒变形体中上部,位移变化受库水位变动较小,但总体呈现增加趋势。

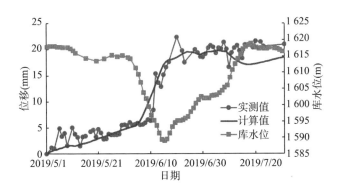

**图 5-16　表面位移计 GTP05 测点合位移实测值与计算值**

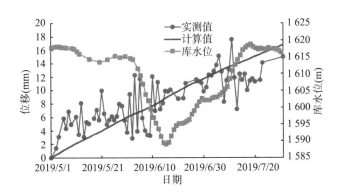

**图 5-17　表面位移计 GTP06 测点合位移实测值与计算值**

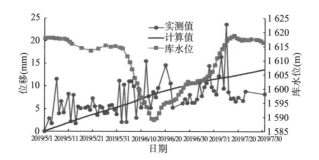

**图 5-18　表面位移计 GTP07 测点合位移实测值与计算值**

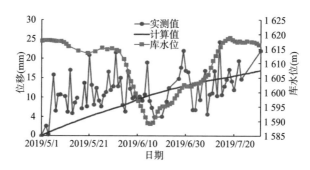

**图 5-19　表面位移计 GTP08 测点合位移实测值与计算值**

图 5-20 和图 5-21 所示为水库调度过程中多点位移计 M03 和 M04 不同深度(包括孔口、3 m、8 m、18 m 和 28 m)的位移实测值与计算值。水位骤降过程中,多点位移计监测到不同深度位移变化规律。数值模拟计算结果显示,多点位移计不同深度数值计算结果与监测值变化规律总体一致。受水位骤降作用引发的坡体变形,随骤降幅度的增大而增大。随着骤降幅度的增大,位移影响范围逐渐增大,且所发生的最大位移也随之增大。

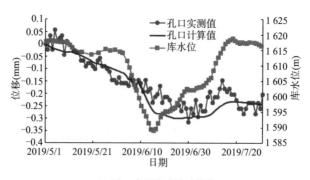

（a）孔口实测位移及计算值

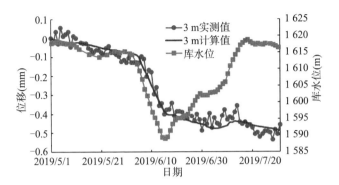

（b）孔深 3 m 处实测位移及计算值

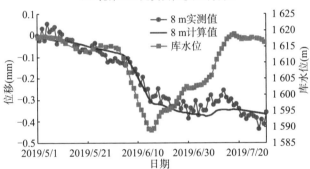

（c）孔深 8 m 处实测位移及计算值

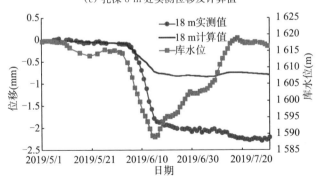

（d）孔深 18 m 处实测位移及计算值

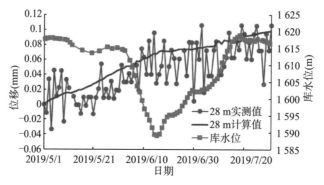

（e）孔深 28 m 处实测位移及计算值

**图 5-20　多点位移计 M03 距孔口不同深度实测与计算值**

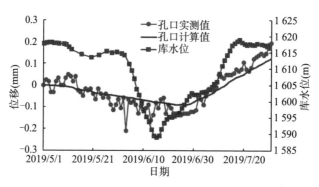

（a）孔口实测位移及计算值

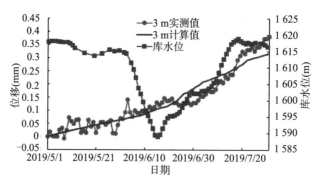

（b）孔深 3 m 处实测位移及计算值

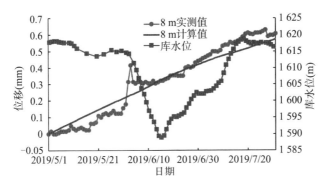

（c）孔深 8 m 处实测位移及计算值

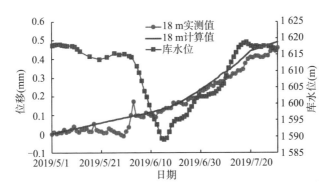

（d）孔深 18 m 处实测位移及计算值

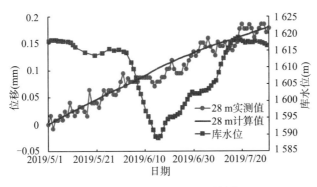

（e）孔深 28 m 处实测位移及计算值

**图 5-21　多点位移计 M04 距孔口不同深度实测与计算值**

基于多点位移计实测位移和数值计算结果可以发现,库水位骤降对倾倒变形体作用显著,库水位骤降过程中位移出现不同程度的突增。不同深度位移变化滞后于库水位的变化,库水位升高位移呈缓慢增加趋势。

4. 稳定性分析

根据库水位运行方案,汛期 13 d 内水位降低了 29.06 m。为复核整个调度过程中倾倒变形体安全性,开展了整个调度过程的有限元数值计算,如图 5-22 所示,不同部分计算结果如图 5-23 所示。

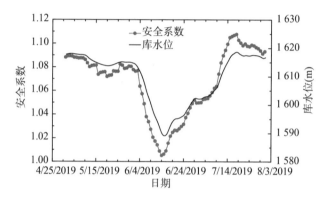

**图 5-22 1# 倾倒变形体安全系数计算结果**

由图 5-22 可见,在库水位骤降过程中,1# 倾倒变形体最危险破坏面均出现在变形体中下部位置,部分位于库水位以下。随着库水位骤降幅度的增加,倾倒变形体整体稳定性逐渐下降,且最危险临界滑面位置逐渐下移,呈现牵引式失稳特征。

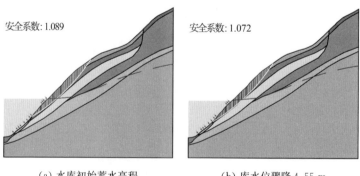

（a）水库初始蓄水高程　　　　　（b）库水位骤降 4.55 m

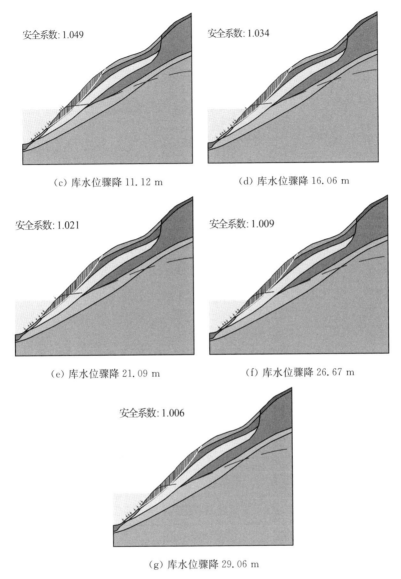

安全系数:1.049

（c）库水位骤降 11. 12 m

安全系数:1.034

（d）库水位骤降 16. 06 m

安全系数:1.021

（e）库水位骤降 21.09 m

安全系数:1.009

（f）库水位骤降 26.67 m

安全系数:1.006

（g）库水位骤降 29. 06 m

**图 5-23　不同工况下的临界破坏面与安全系数**

5. 不同骤降速率对于稳定性的影响

由上述计算结果可知,库水位骤降速率对于倾倒变形体的稳定性有着至关重要的影响。假定初始水位为初始正常蓄水位,分别以不同的速率(如 1 m/d、2 m/d 和 3 m/d)匀速骤降 35 m,计算结果如图 5-24 所示。由图可见,倾倒变形体安全性随水位骤降而降低,且水位降低速率越大,安全性下降也越大。

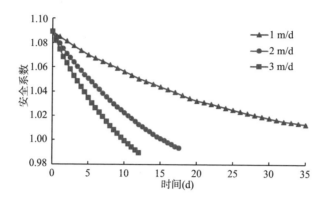

**图 5-24    库水位不同骤降速率下安全系数随时间变化曲线**

按照 1 m/d 的速率骤降 35 m 之后倾倒变形体安全系数为 1.012;按照 2 m/d 的速率骤降 30.8 m 后其安全系数小于 1,骤降 35 m 后的安全系数为 0.993;按照 3 m/d 的速率骤降 29.9 m 后其安全系数小于 1,骤降 35 m 后的安全系数为 0.990。

## 5.2.4    地震与水动力共同作用分析

结合场区、近场区和区域构造条件、历史地震对坝址区的影响,通过地震危险性分析指出坝址区 50 年超越概率为 10% 的基岩峰值加速度为 0.123g,相对应的坝址区地震基本烈度为Ⅶ度。根据潜源区划分、地震活动性参数确定和地震动衰减关系的研究结果,黄登水电站坝址 50 年和 100 年不同超越概率水平的基岩水平方向加速度如表 5-5 所示。

**表 5-5    坝址区不同超越概率基岩水平方向峰值加速度**

|  | 多遇地震 | 设防地震 | 罕遇地震 | 极罕遇地震 |
|---|---|---|---|---|
| 超越概率 | 50 年 63% | 50 年 10% | 50 年 2% | 100 年 2% |
| 峰值加速度 | 0.046g | 0.123g | 0.209g | 0.251g |

水平方向地震作用力峰值加速度取 0.123g,竖直方向为水平方向的 2/3,取 0.082g。分别开展如下六个地震工况的数值计算:

工况 1:正常蓄水位＋地震;

工况 2:正常蓄水位骤降 5 m 用时 2.5 d＋地震;

工况 3:正常蓄水位骤降 10 m 用时 5 d＋地震;

工况 4:正常蓄水位骤降 20 m 用时 10 d＋地震;

工况 5：正常蓄水位骤降 30 m 用时 10 d＋地震；

工况 6：正常蓄水位骤降 35 m 用时 15 d＋地震。

如图 5-25 所示，为六种不同地震工况下，倾倒变形体整体稳定性计算结果。由图可见，随着库水位骤降深度的增加，倾倒变形体的不稳定性随之增加，且除工况 1 以外的各种地震工况下的安全系数均小于 1。

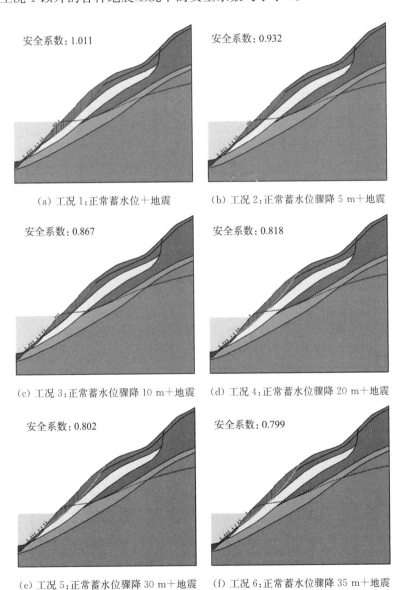

（a）工况 1：正常蓄水位＋地震　　　（b）工况 2：正常蓄水位骤降 5 m＋地震

（c）工况 3：正常蓄水位骤降 10 m＋地震　　（d）工况 4：正常蓄水位骤降 20 m＋地震

（e）工况 5：正常蓄水位骤降 30 m＋地震　　（f）工况 6：正常蓄水位骤降 35 m＋地震

**图 5-25　不同工况下倾倒变形体整体稳定性**

### 5.2.5 锚索支护分析

根据工程施工交通道路的开挖及其边坡支护设计方案，在 1# 倾倒变形体下部高程分别为 1 528 m 和 1 570 m 左右开挖了施工道路，同时对道路边坡进行了锚索支护，以维持边坡稳定。所用锚索均为 1 800 kN 级全长无粘结锚索，深入山体角度为水平下倾 20°，水平间距按 5 m 排列布置。

数值模型单元为四边形单元，单元数为 2 201，节点数为 2 278，如图 5-26 所示。

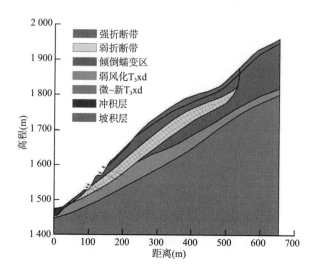

**图 5-26  1# 倾倒变形体 Ⅶ-Ⅶ′ 剖面锚索支护数值计算模型**

1）库水位升降过程 1# 倾倒变形体稳定性

汛期 13 d 内水位降低 29.06 m。为复核整个调度过程中的安全性，开展相应的有限元数值计算，不同部分计算结果如图 5-27 所示。

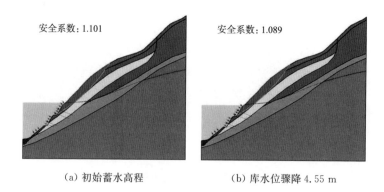

<table>
<tr><td>安全系数：1.101</td><td>安全系数：1.089</td></tr>
<tr><td>（a）初始蓄水高程</td><td>（b）库水位骤降 4.55 m</td></tr>
</table>

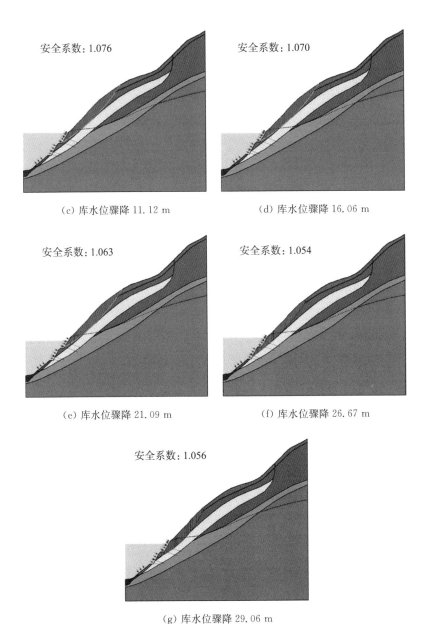

安全系数: 1.076

安全系数: 1.070

（c）库水位骤降 11.12 m

（d）库水位骤降 16.06 m

安全系数: 1.063

安全系数: 1.054

（e）库水位骤降 21.09 m

（f）库水位骤降 26.67 m

安全系数: 1.056

（g）库水位骤降 29.06 m

**图 5-27　不同工况下的临界破坏面与安全系数**

由图 5-27 可见,在库水位骤降过程中,1$^\#$倾倒变形体最危险破坏面均出现在变形体中下部位置,部分位于库水位以下。随着库水位骤降幅度的增加,倾倒变形体整体稳定性逐渐下降,且最危险临界破坏面位置逐渐下移。相较于未支护的各种工况,锚索支护作用下倾倒变形体整体稳定性有所提升。

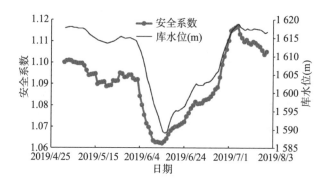

**图 5-28　1#倾倒变形体锚索支护下安全系数计算结果**

由图 5-28 所示,当库水位骤降达到 20 m 以上则处于临界状态,需加强观测。

2) 地震作用下 1# 倾倒变形体稳定性

考虑水平方向地震作用力峰值加速度取 0.123g,竖直方向为水平方向的 2/3,取 0.082g。针对锚索支护下的 1# 倾倒变形体,分别开展如下六个地震工况的数值计算:

工况 1:正常蓄水位+地震;

工况 2:正常蓄水位骤降 5 m 用时 2.5 d+地震;

工况 3:正常蓄水位骤降 10 m 用时 5 d+地震;

工况 4:正常蓄水位骤降 20 m 用时 10 d+地震;

工况 5:正常蓄水位骤降 30 m 用时 10 d+地震;

工况 6:正常蓄水位骤降 35 m 用时 15 d+地震。

如图 5-29 所示,为六种不同地震工况下,锚索支护的 1# 倾倒变形体整体稳定性计算结果。由图可见,随着库水位骤降深度的增加,倾倒变形体的不稳定性随之增加。

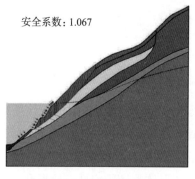

（a）工况 1:正常蓄水位+地震

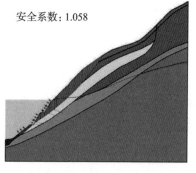

（b）工况 2:正常蓄水位骤降 5 m+地震

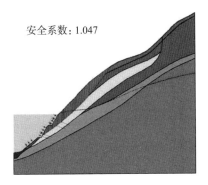

（c）工况 3：水位骤降 10 m＋地震

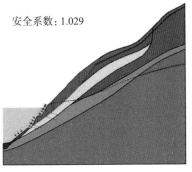

（d）工况 4：水位骤降 20 m＋地震

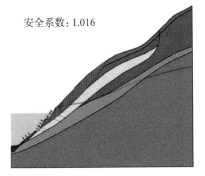

（e）工况 5：水位骤降 30 m＋地震

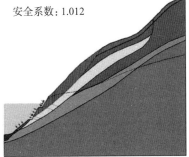

（f）工况 6：水位骤降 35 m＋地震

**图 5-29　不同工况下锚索支护 1#倾倒变形体整体稳定性**

# 5.3　安全性评价

1#倾倒变形体库水位骤降及地震工况下安全性分析计算结果如表 5-6～表 5-8 所示。根据计算结果可知：库水位骤降对 1#倾倒变形体安全性影响显著；锚索支护能有效提高 1#倾倒变形体的稳定性；库水位骤降并遭遇地震工况时 1#倾倒变形体安全裕度不大。

**表 5-6　结合典型库水位调度的倾倒变形体计算结果**

| 初始水位 | 水位工况 | 安全系数<br>（未考虑锚索加固） | 安全系数<br>（考虑锚索加固） |
|---|---|---|---|
| 初始水库蓄水高程 | 初始水位 | 1.089 | 1.101 |
|  | 库水位骤降 4.55 m | 1.072 | 1.089 |

| 初始水位 | 水位工况 | 安全系数<br>（未考虑锚索加固） | 安全系数<br>（考虑锚索加固） |
|---|---|---|---|
| | 库水位骤降 11.12 m | 1.049 | 1.076 |
| | 库水位骤降 16.06 m | 1.034 | 1.070 |
| 初始水库蓄水高程 | 库水位骤降 21.09 m | 1.021 | 1.063 |
| | 库水位骤降 26.67 m | 1.009 | 1.054 |
| | 库水位骤降 29.06 m | 1.006 | 1.056 |

**表 5-7   不同库水位降速下倾倒变形体安全计算结果（未考虑锚索加固）**

| 水位工况 | 安全系数 | | |
|---|---|---|---|
| | 降速 1 m/d | 降速 2 m/d | 降速 3 m/d |
| 正常蓄水位 | 1.089 | 1.089 | 1.089 |
| 骤降 5 米 | 1.070 | 1.067 | 1.067 |
| 骤降 10 米 | 1.056 | 1.051 | 1.050 |
| 骤降 20 米 | 1.032 | 1.023 | 1.022 |
| 骤降 30 米 | 1.018 | 1.001 | 0.999 |
| 骤降 35 米 | 1.013 | 0.993 | 0.991 |

**表 5-8   地震工况下倾倒变形体安全计算结果**

| 初始工况 | 水位工况 | 安全系数<br>（未考虑锚索加固） | 安全系数<br>（考虑锚索加固） |
|---|---|---|---|
| | 初始工况 | 1.011 | 1.067 |
| | 骤降 5 m 用时 2.5 d | 0.932 | 1.058 |
| 正常蓄水位＋地震 | 骤降 10 m 用时 5 d | 0.867 | 1.047 |
| | 骤降 20 m 用时 10 d | 0.818 | 1.029 |
| | 骤降 30 m 用时 10 d | 0.802 | 1.016 |
| | 骤降 35 m 用时 15 d | 0.799 | 1.012 |

# 第六章

## 倾倒变形体安全监测

### 资料相关性分析

安全监测是了解实际工程安全状态最直接的途径,有必要对 $1^\#$ 倾倒变形体安全监测资料进行整编分析。本章分析了 $1^\#$ 倾倒变形体的变形特征,基于监测数据讨论了水动力因素对 $1^\#$ 倾倒变形体变形规律的影响,并应用双变量相关分析和灰色关联法对倾倒变形体进行变形相关性分析。

## 6.1 监测资料

工程运行以来,$1^\#$ 倾倒变形体布置了系统的安全监测分析系统。$1^\#$ 倾倒变形体设置 2 个测斜孔、2 个水位孔,在测斜孔及水位孔底部埋设有渗压计;布置有 9 个 GNSS 点,4 套多点位移计及 4 套锚杆应力计进行运行期监测。$1^\#$ 倾倒变形体在 Ⅳ-Ⅳ′ 和 Ⅶ-Ⅶ′ 剖面上分别布置有 4 个 GNSS 测点进行表面位移监测,分别为 GTP01 ～ GTP04 和 GTP05 ～ GTP08,GNSS 监测自 2017 年 7 月 31 日完成调试,取得初始值,截至 2020 年 6 月已取得连续的监测数据。Ⅳ-Ⅳ′ 监测剖面 1 640 m 和 1 770 m 高程,Ⅶ-Ⅶ′ 监测剖面 1 640 m 和 1 780 m 高程水平方向各布置 1 套多点位移计,钻孔深度 30 m。在 1 640 m 及 1 780 m 高程附近布置有 2 个监测断面(同多点位移计相距约 5 m 布置),共 4 套锚杆应力计在运行期监测锚杆应力变化情况。监测系统布置如图 6-1 所示。

图 6-1  $1^\#$ 倾倒变形体监测系统布置图

### 6.1.1　表面位移特征

　　2017年11月10日开始第一阶段蓄水,至2017年12月1日水库蓄水完成;第二阶段水库蓄水从2018年4月1日至2018年8月17日库水位至正常蓄水位。GNSS测得倾倒变形体表面位移分为水平位移和垂直位移,其表面累积位移监测曲线如图6-2、图6-3所示。

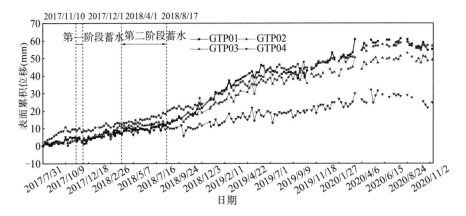

图6-2　倾倒变形体Ⅳ-Ⅳ′剖面表面位移监测曲线

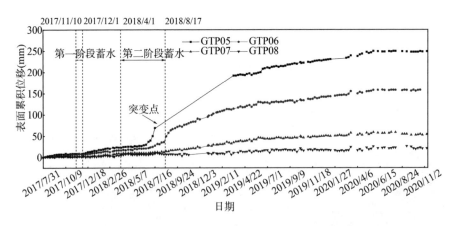

图6-3　倾倒变形体Ⅶ-Ⅶ′剖面表面位移监测曲线

## 6.1.2 深部位移特征

采用多点位移计监测倾倒变形体的深部位移,在坡体中 1 640 ~ 1 780 m 高程的监测钻孔中安装了 4 台多点位移计,监测深度从 0 m 到 28 m。剖面Ⅳ-Ⅳ′和Ⅶ-Ⅶ′的多点位移计所测深部位移如图 6-4 至图 6-7 所示。

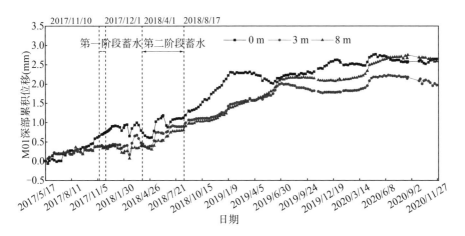

**图 6-4　倾倒变形体Ⅳ-Ⅳ′剖面 M01 深部位移监测曲线**

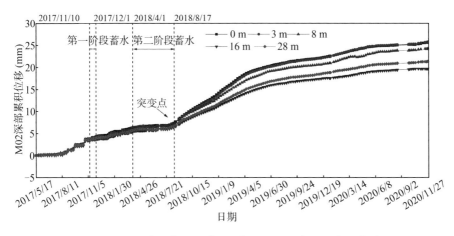

**图 6-5　倾倒变形体Ⅳ-Ⅳ′剖面监测 M02 深部位移监测曲线**

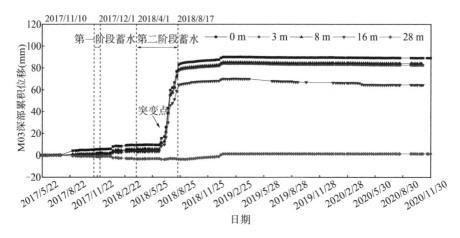

图 6-6　倾倒变形体Ⅶ-Ⅶ′剖面监测 M03 深部位移监测曲线

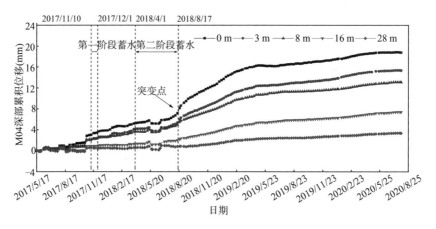

图 6-7　倾倒变形体Ⅶ-Ⅶ′剖面监测 M04 深部位移监测曲线

综合各剖面监测点的位移变形分析可得，1#倾倒变形体呈现靠近坝体的剖面位移变形较大，下部位移变形大于上部，深部位移随着孔深的增大而逐渐减小。

## 6.2　监测数据预处理

安全监测可获取大量的变形、应力及渗流等监测数据。由于监测条件、监测仪器及人工操作等各种主客观因素的影响，监测数据中存在异常信息。因此在整理分析倾倒变形体监测资料前，需要对原始监测数据进行预处理，识别剔除异常信息,判定各监测值的可信度。根据倾倒变形体监测数据具有海量、多异常值和非线性的特点,提出了改进未确知滤波-分形插值结合的 IUF - FIF 法,分段实时有效地处理倾倒变形体监测数据。

## 6.2.1 监测数据异常信息识别

倾倒变形体监测过程中,由于受坡体自身结构显著变形、监测条件的变化、监测仪器的不稳定及监测人员的操作失误的影响,监测数据往往可能存在异常变化,称为监测异常信息。

监测异常信息分为异常值和粗差。异常值是倾倒变形体工作形态的真实反映,受倾倒变形体自身结构显著变形的影响,监测仪器所收集到的测值是异常变化,通过对其正确的分析可以获取倾倒变形体系统的不稳定信号,从而采取措施,减少安全隐患。系统误差、偶然误差和粗差是测量学中的三类误差。系统误差是因测量基准偏移或仪器自身不精确引起的误差;偶然误差是自动监测系统在读取数据过程中产生的随机误差。系统误差和偶然误差可以通过完善监测流程、提高仪器精度及校核基准点等措施使其有效减小。粗差是测值与相邻时序的正常测值存在明显差距的监测数据,由监测系统或数据传输错误等原因造成,与坡体真实性态及环境变化无实际关联。粗差的存在对数据模型的参数估计和预警预报产生不利的影响,需将其剔除。异常信息识别工作在倾倒变形体安全监测及后期分析有着极其重要的作用,因此需要选取适合的判别方法进行异常信息识别剔除。

异常信息识别的经典判定方法有监控模型检验法、逻辑检验法、关联分析检验法和统计分析法等。

监控模型检验法。安全监测获取了大量监测数据,根据这一系列监测数据可建立倾倒变形体安全监控模型。监控模型 $|y'-y|$ 检验方法是依据倾倒变形体安全监控模型的预报值 $y'$ 与监测值 $y$ 之间的差值大小来判定监测数据是否存在异常。若 $|y'_i - y_i| > KS$,则判为监测值 $y_i$ 异常,$K$ 为与置信水平 $\alpha$ 及样本数 $n$ 相关的系数。该方法具有操作简单、判别简洁、实时动态等特点。监测模型又可分为统计模型、确定性模型和混合模型,不同模型建模方法不同,预报监测效果也不同。监测模型检验法也可与其他统计方法相结合对异常监测信息进行判定。

逻辑检验法又称人工检验法,运用逻辑手段对监测数据进行逻辑判断,其目的在于弄清被检验数据与现有理论或经验间是否存在逻辑矛盾。根据监测仪器量程范围进行判定,将超出仪器测量范围的测值判定为粗差;对于没有明确测量方位的仪器,可根据监测体的经验逻辑合理范围进行判定,若超出该范围则判定该测值含有粗差。逻辑检验法具有省时省力、使用简便的特点,可以尽早发现异常值,消除逻辑谬误,是检验监测数据异常信息的重要手段,在科学研究中起着重要作用,在应用方法上具有一定的先进性和优越性。

关联分析检验法。为更准确掌握某些重点区域的安全状态,倾倒变形体安全监测时一般采用布置多测点多仪器监测进而能够进行对比分析数据。当布置的监测仪器相邻或较近,其监测结果必然存在一定的联系。如倾倒变形体处于正常状态时,各监测点的测值一般处于正常状态;反之,若存在某一测值发生异常,而其余相邻测点正常,则判定该测点可能存在异常,倾倒变形体整体处于正常状态。因此,可根据相关性检验各监测点的监测数据是否可靠。

统计分析方法。统计分析方法一般是基于数理统计原理,假定该监测序列服从某类概率分布,并根据此分布对监测数据进行排序,将排序后的数据构造统计量来判定异常信息。常见判别方法主要有莱茵达($3\sigma$)准则、肖维勒(Chauvenet)准则、格拉布斯(Grubbs)准则、狄克逊(Dixon)准则等[1]。

1) 莱茵达($3\sigma$)准则[2]

$3\sigma$ 准则是在足够大的监测次数基础上,处理近似或服从正态分布的数据样本。若监测数据时序 $X$ 服从 $X \sim N(\mu, \sigma^2)$,则

$$P(\mid x - \mu \mid > 3\sigma) \leqslant 0.003 \qquad (6-1)$$

式中,$\mu,\sigma$ 分别为正态分布的均值与方差。

依据式(6-1)判定小于($\mu - 3\sigma$)或大于($\mu + 3\sigma$)的监测数据为异常数据。其中,以贝塞尔公式求解所得的 $S$ 等效于 $\sigma$,以监测序列 $\bar{x}$ 代替真值。对于监测序列 $\{x_1, x_2, \cdots, x_n\}$,若测值 $x_i$ 满足

$$\mid \Delta_i \mid = \mid x_i - \bar{x} \mid > 3S \qquad (6-2)$$

则判定 $x_i$ 为异常数据。式中,$S = \sqrt{\dfrac{1}{n-1}\sum\limits_{i=1}^{n}(x_i - \bar{x})^2}$,$\bar{x} = \dfrac{1}{n}(x_1 + x_2 + \cdots + x_n)$。

2) 肖维勒(Chauvenet)准则[3]

Chauvenet 准则通过寻找与均值 $\bar{x}$ 周围的概率带边界对应的标准偏差的

数量并比较该值与可疑异常值与均值间的差值绝对值来实现异常值的识别。若某测值 $x_i$ 的残差 $|x_i-\bar{x}|$ 满足

$$|x_i-\bar{x}|>w_nS \tag{6-3}$$

则判定 $x_i$ 为异常数据。式中，$w_n$ 为 Chauvenet 系数，可查表获得。

3）格拉布斯（Grubbs）准则[4]

Grubbs 准则依据样本统计量的分布规律，判别小样本数据的异常值。假设监测序列 $\{x_1,x_2,\cdots,x_n\}$ 服从正态分布，测值满足

$$|x_i-\bar{x}|\geqslant G(\alpha,n)S \tag{6-4}$$

则判定 $x_i$ 为异常数据。式中，$\alpha$ 和 $n$ 分别表示置信系数和测值总数，$G(\alpha,n)$ 为 Grubbs 系数，其值可根据 $\alpha$ 和 $n$ 查表获得。

4）狄克逊（Dixon）准则[5]

Dixon 准则是根据监测序列按大小排序过后的顺序差而提出的粗差判定准则，对存在多个异常值的样本数据判定效果较佳。假设监测序列 $\{x_1,x_2,\cdots,x_n\}$ 服从正态分布，其序列顺序统计量为 $x_1^*\leqslant x_2^*\leqslant\cdots\leqslant x_n^*$。按以下方法构造高端异常 $x_n^*$ 和底端异常 $x_1^*$ 的统计量：

$$\begin{cases} r_{10}=\dfrac{x_n^*-x_{n-1}^*}{x_n^*-x_1^*}, & r'_{10}=\dfrac{x_2^*-x_1^*}{x_n^*-x_1^*}, & 3\leqslant n\leqslant 7 \\[2mm] r_{11}=\dfrac{x_n^*-x_{n-1}^*}{x_n^*-x_2^*}, & r'_{11}=\dfrac{x_2^*-x_1^*}{x_{n-1}^*-x_1^*}, & 8\leqslant n\leqslant 11 \\[2mm] r_{21}=\dfrac{x_n^*-x_{n-2}^*}{x_n^*-x_2^*}, & r'_{21}=\dfrac{x_3^*-x_1^*}{x_{n-1}^*-x_1^*}, & 12\leqslant n\leqslant 13 \\[2mm] r_{22}=\dfrac{x_n^*-x_{n-2}^*}{x_n^*-x_3^*}, & r'_{22}=\dfrac{x_3^*-x_1^*}{x_{n-2}^*-x_1^*}, & 13\leqslant n\leqslant 25 \end{cases} \tag{6-5}$$

查表得到临界值 $D(\alpha,n)$，若 $r_{ij}>r'_{ij}$ 且 $r_{ij}>D(\alpha,n)$，判定 $x_n^*$ 为异常；若 $r_{ij}>r'_{ij}$ 且 $r'_{ij}>D(\alpha,n)$，判定 $x_1^*$ 为异常。

## 6.2.2 IUF-FIF 法数据预处理

针对大量样本数据且存在较多异常值的时间序列，引入改进未确知滤波法（Improved Unascertained Filtering，IUF）和分形插值（Fractal Interpolation

Function,FIF),提出了一种数据分段局部处理的 IUF‑FIF 法。传统异常信息判别方法存在要求数据序列服从特定分布、不适用动态多分布的大量误差序列、易遮盖相近误差、精确度不高及效率低等不足。而改进未确知滤波法可以对大量监测序列进行分段精确探测粗差,有效避免相邻误差的遮蔽现象,在粗差定位方面有明显的优势,有粗差存在的序列差值方差偏大,以此区分较长时间范围内的粗差和异常值。分形理论是一种非线性的插值方法,可将数据插值成具有自相似性的曲线,充分考虑相邻两点间的变化特征,反映真实变化情况。因此,运用 IUF‑FIF 法可以分段实时有效地处理海量、多异常值及非线性的倾倒变形体监测数据。

未确知有理数主要用于研究存在客观世界中的一种异于随机信息、灰色信息、模糊信息的不确定性信息[6,7]。此不确定性信息出现是由于观测者不能客观确切掌握事物的数值关系和真实状态,最终导致对主观认识事物的不确定性[8]。未确知数是用来描述这种未确知信息的工具,其中未确知有理数运用最为广泛,未确知有理数原理如下:对于任意区间 $[a,b]$, $a=x_1<x_2<\cdots<x_n<b$,若函数 $\varphi(x)$ 满足

$$\varphi(x)=\begin{cases}\alpha_i, & x=x_i(i=1,2,\cdots,n) \\ 0, & \text{其他}\end{cases} \tag{6-6}$$

且 $\sum \alpha_i=\alpha$, $0\leqslant\alpha\leqslant1$,则取值区间 $[a,b]$ 和可信度分布密度函数 $\varphi(x)$ 可形成一个 $n$ 阶未确知有理数,将其记为 $[[a,b],\varphi(x)]$。其中 $\alpha$ 为未确知有理数的总可信度。特殊情况,当 $n=1$ 时被称为一阶未确知有理数,具体表示为

$$\varphi(x)=\begin{cases}\alpha, & x=a \\ 0, & x\neq a \text{ 且 } x\in\mathbf{R}\end{cases} \tag{6-7}$$

当其取值为 $a$ 时可信度为 $\varphi(x)=a$。若此时 $\alpha=1$,则测值为 $a$ 的可信度为 1,即等价于实数为 $a$。因此,实数可看作是未确知有理数的一种特殊情况。设未确知有理数 $A=[[x_1,x_k],\varphi_A(x)]$,若其满足

$$\varphi_A(x)=\begin{cases}\alpha_i, & x=x_i(i=1,2,\cdots,n) \\ 0, & \text{其他}\end{cases}$$
$$0<\alpha_i<1(i=1,2,\cdots,n) \tag{6-8}$$
$$\alpha=\sum_{i=1}^{k}\alpha_i\leqslant1$$

此时将其定义为一阶未确知有理数,而 $E(A)$ 为未确知有理数 $A$ 的期望。

$$E(A) = \left[\left[\frac{1}{\alpha}\sum_{i=1}^{k}x_i\alpha_i, \frac{1}{\alpha}\sum_{i=1}^{k}x_i\alpha_i\right], \varphi(x)\right]$$

$$\varphi_A(x) = \begin{cases} \alpha_i, x = \dfrac{1}{\alpha}\sum_{i=1}^{k}x_i\alpha_i \\ 0, \text{其他} \end{cases} \tag{6-9}$$

倾倒变形体安全监测数据会存在突然变化的点,有可能是偶然因素产生的粗差,也有可能是倾倒变形体发生变化出现的异常值,粗差具有偶然性和单独性特点,异常值具有趋势性和连续性特性。采用基于未确知有理数的未确知滤波法可准确区分监测数据中粗差和异常值,识别剔除粗差并保留有效信息[9]。但在实际工程中,利用未确知滤波法识别倾倒变形体位移监测时序粗差时,海量监测数据中存在相近粗差间的遮蔽现象,不能十分理想地区分粗差和异常值。鉴于未确知滤波法在实际倾倒变形体监测时序粗差识别方面的不足,采用黄红女[10]改进的未确知滤波(Improved Unascertained Filtering,IUF)进行粗差探测,将长时间范围内的监测序列进行分段处理。

假设监测数据序列 $L_1, L_2, \cdots, L_i, \cdots, L_n$,用 $A_i(i=1,2,\cdots,n)$ 表示包含 $n$ 个监测值的数据序列,那么定义一个未确知有理数

$$A = \left[\left[\min_{1\leqslant i\leqslant n}L_i, \max_{1\leqslant i\leqslant n}L_i\right], \varphi(x)\right] \tag{6-10}$$

其中,$\left[\min\limits_{1\leqslant i\leqslant n}L_i, \max\limits_{1\leqslant i\leqslant n}L_i\right]$ 确定此未确知有理数 $A$ 的取值范围,$\varphi(x)$ 表示对应监测值的可信度分布密度函数。

将 $n$ 个监测值的数据序列分为若干个数据段,每个数据段分别含有 $k+1(k<n)$ 个测值,分别对每一个数据段进行计算:

$$\varphi(x) = \begin{cases} \dfrac{\xi_i}{k}, x = L_i(i=1,2,\cdots,n) \\ 0, \text{其他} \end{cases} \tag{6-11}$$

其中,$\xi_i$ 为监测数据 $L_i$ 在其邻域 $[L_i-\lambda, L_i+\lambda]$ 内出现的监测值 $L_j(1\leqslant j\leqslant n, j\neq i)$ 的次数;$L_j$ 为与 $L_i$ 相邻的数据段内的监测值;$k$ 表示 $\xi_i$ 所在待搜索区间的长度。

依据传统粗差识别法的误差准则,通过计算监测序列的差值方差 $S$ 确定参数 $\lambda$,一般选取双倍差值方差 $2S$ 或三倍差值方差 $3S$。

$$S = \sqrt{\frac{\sum_{i=1}^{n-1}(L_{i+1} - L_i)^2}{n-1}} \tag{6-12}$$

要统计出落在待搜索区间内其他监测值的次数 $\xi_i$,应先确定各监测值邻域上下限,监测数据 $L_i$ 邻域上限记为 $V_i$,邻域下限记为 $V_i{'}$,邻域可记为 $[V_i{'}, V_i]$。

$$V_i = L_i + \lambda \tag{6-13}$$

$$V_i{'} = L_i - \lambda \tag{6-14}$$

令参数 $m$ 是一确定偶数,在每一次循环中数值不变;$l$ 表示监测序列中第 $l$ 个监测值,用于定位待搜索区域的起始位置。采用黄红女[10] 改进的分段方法对监测序列进行数据段参数选取:

①当 $i=1$ 时,取第 1、2 个监测值作为 $L_i$ 所在的数据段作为 $\xi_i$ 的搜索区域,此时取 $k=1, l=1$;

②当 $1 < i \leqslant \frac{m}{2}$ 时,取第 1 至 $2i-1$ 个监测值作为 $\xi_i$ 的搜索区域,此时取 $k=2i-2, l=1$;

③当 $\frac{m}{2} < i < n - \frac{m}{2}$ 时,取第 $i - \frac{m}{2}$ 至 $i + \frac{m}{2}$ 个监测值作为 $L_j$ 所在的数据段,并作为 $\xi_i$ 的搜索区域,此时取 $k=m, l=i-\frac{m}{2}$;

④当 $n - \frac{m}{2} \leqslant i < n$ 时,取第 $2i-n$ 至 $n$ 个监测值作为 $\xi_i$ 的搜索区域,此时取 $k=2(n-i)$, $l=2i-n$;

⑤当 $i=n$ 时,取第 $n-1$、$n$ 个监测值作为 $\xi_i$ 的搜索区域,此时取 $k=1, l=n-1$。

由式(6-11)可知,监测数据的可信度 $\varphi(x)$ 取决于参数 $k$ 和 $\lambda$,参数 $\lambda$ 值可根据式(6-12)进行确定,有粗差存在的序列 $\lambda$ 值偏大,本书 $\lambda$ 值为双倍差值方差 $2S$。参数 $m$ 取值决定了参数 $k$ 的大小,若 $m$ 取值太大,可能会出现粗差遮蔽、未确知期望失真和粗差定位不准确等问题;若 $m$ 取值太小,搜索区域太小无法找出数据变化规律,造成误差识别结果不可靠。因此参数 $m$ 和 $\lambda$ 对监测数据误差识别过程十分关键,参数 $m$ 最终取值由监测数据序列决定,不具有普适性,需要对每组数据序列进行反复试算选出最优的取值。

倾倒变形体监测数据序列剔除了异常数据,以及本身存在缺失值,需要补全这些缺失数据。传统插值拟合法通过光滑曲线将相邻两点相连,忽略了相邻两点间的变化特征,然而倾倒变形体监测数据具有一定波动性,传统的插值拟合方法将不太适用于倾倒变形体监测数据的处理。1986 年美国数学家 Barnsley[11] 提出分形插值概念,分形插值函数(Fractal Interpolation Function,FIF)是基于迭代函数系统(Iterated Function System,IFS)和几何自相似理论产生的,使得插值数据与原始监测数据具有自相似结构特点。倾倒变形体监测数据呈现明显的非线性特征,运用分形插值理论将数据点的变化特征映射到相邻两点微小局部区域,得到的插值数据更符合倾倒变形体监测数据变化情况。

(1) 数据集。一个数据集合 $\{(x_i, y_i) \in \mathbf{R}^2, i = 0, 1, 2, \cdots, N\}$,其中 $x_0 < x_1 < \cdots < x_N$,插值函数 $f:[x_0, x_N] \to \mathbf{R}$ 满足插值条件:

$$f(x_i) = y_i, i = 0, 1, 2, \cdots, N \tag{6-15}$$

其中,$(x_i, y_i)$ 为插值点。

(2) 构造 IFS。设插值区间 $I = [x_0, x_N]$,两点区间 $I_i = [x_{j-1}, x_j]$,令变换 $L_j: I \to L_j, j = 0, 1, 2, \cdots, N$,其中 $L_j(x_0) = x_{j-1}, L_j(x_N) = x_j$;变换 $F_j: I \to [a, b], a, b$ 连续,其中 $F_j(x_0, y_0) = y_{j-1}, F_j(x_N, y_N) = y_j$。

定义仿射变换 $W_j(x, y) = (L_j(x), F_j(x, y)), j = 0, 1, 2, \cdots, N$,可证 IFS 具有唯一的吸引子 $G$,$G$ 是连续函数 $f: I \to [a, b]$ 的图像,满足 $f(x_i) = y_i, i = 0, 1, 2, \cdots, N$。

考虑 IFS$\{\mathbf{R}^2; W_n, n = 1, 2, \cdots, N\}$,其中 $W_n$ 的仿射变换:

$$W_n \begin{bmatrix} x \\ y \end{bmatrix} = \begin{bmatrix} a_n & 0 \\ c_n & d_n \end{bmatrix} \begin{bmatrix} x \\ y \end{bmatrix} + \begin{bmatrix} e_n \\ f_n \end{bmatrix} \tag{6-16}$$

满足

$$W_n \begin{bmatrix} x_0 \\ y_0 \end{bmatrix} = \begin{bmatrix} x_{n-1} \\ y_{n-1} \end{bmatrix}, \quad W_n \begin{bmatrix} x_N \\ y_N \end{bmatrix} = \begin{bmatrix} x_n \\ y_n \end{bmatrix} \tag{6-17}$$

其中，

$$a_n = \frac{x_n - y_n}{L} , \quad c_n = \frac{y_n - y_{n-1} - d_n(y_N - y_0)}{L}$$

$$e_n = \frac{x_N x_{n-1} - x_0 x_n}{L} , \quad f_n = \frac{x_N y_{n-1} - x_0 y_n - d_n(x_N y_0 - x_0 y_N)}{L}$$

$$(6-18)$$

式(6-18)的四个方程有 5 个参数，其中自由参数 $d_n$ 为垂直比例因子，$d_n$ 小于 1 时 IFS 收敛。

基于倾倒变形体安全监测数据序列，通过迭代选取参数 $\lambda$ 和 $m$，剔除可信度为 0 的异常值，输入垂直比例因子 $d$ 及插值迭代次数对非连续的数据序列进行分形插值，并输出插值后的数据，IUF - FIF 法程序流程如图 6-8 所示。

采用纳什效率系数(Nash-Sutcliffe Efficiency Coefficient，NSE)检验插值结果与实测值的吻合情况，NSE 越接近 1 则插值结果与实测值的吻合情况越好，插值计算效果越佳。

$$\mathrm{NSE} = 1 - \frac{\sum_{i=1}^{N}(\hat{x}(i) - x(i))^2}{\sum_{i=1}^{N}(\hat{x}(i) - \bar{x})^2} \qquad (6-19)$$

其中，$\hat{x}(i)$ 为插值，$x(i)$ 为真实值，$N$ 为总的插值点数，$\bar{x}$ 为真实值的平均值。

在实际工程中，监测数据时序相当庞大且数据往往存在误差，在进行数据分析前需对数据进行预处理。以黄登水电站 1# 倾倒变形体表面位移 GNSS 监测点 GTP06 的时间序列为例，应用 IUF - FIF 法预处理数据，改进未确知滤波剔除粗差并运用分析插值法补全缺失数据。

选取 GTP06 自 2019 年 6 月 16 日至 2019 年 8 月 23 日的表面位移监测数据，采用 IUF 对 60 组数据进行粗差分析。根据上述的改进未确知滤波法进行计算。

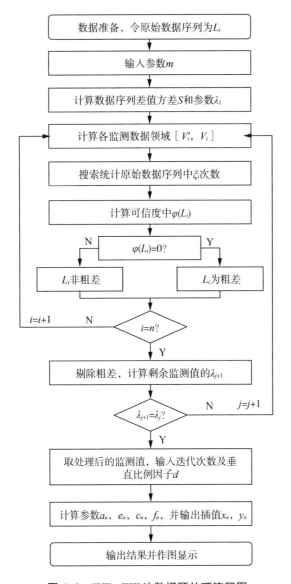

图 6-8　IUF‑FIF 法数据预处理流程图

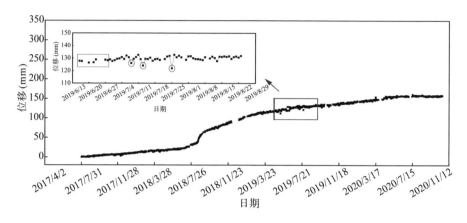

**图 6-9　表面位移监测点 GTP06 数据时序**

表面位移监测序列的差值方差 $S=2.648\ 1$,选取双倍差值方差计算参数 $\lambda=2\times2.648\ 1=5.296\ 2$,确定各监测值邻域上下限。通过试算取 $m=6$ 时,$\lambda$ 收敛至 $2.880\ 5$,此时粗差探测结果较为准确。统计落在搜索区间内其他监测值的个数 $\xi_i$,并计算每个位移值的可信度,黄登水电站 $1^{\#}$ 倾倒变形体表面位移 GTP06 各监测值邻域上下界限和可信度的计算结果如表 6-1 和表 6-2 所示。

**表 6-1　$1^{\#}$ 倾倒变形体表面位移 GTP06 邻域界限**

| 序号 | 位移值<br>(mm) | 领域下限<br>(mm) | 邻域上限<br>(mm) | 序号 | 位移值<br>(mm) | 领域下限<br>(mm) | 邻域上限<br>(mm) |
|---|---|---|---|---|---|---|---|
| 1 | 127.711 | 124.830 | 130.591 | 31 | 131.214 | 128.333 | 134.094 |
| 2 | 127.536 | 124.655 | 130.416 | 32 | 131.811 | 128.930 | 134.691 |
| 3 | 126.292 | 123.412 | 129.173 | 33 | 121.919 | 119.038 | 124.799 |
| 4 | 126.533 | 123.653 | 129.414 | 34 | 132.665 | 129.784 | 135.545 |
| 5 | 128.817 | 125.937 | 131.698 | 35 | 130.674 | 127.793 | 133.554 |
| 6 | 128.580 | 125.700 | 131.461 | 36 | 131.862 | 128.982 | 134.743 |
| 7 | 128.149 | 125.268 | 131.029 | 37 | 130.608 | 127.728 | 133.489 |
| 8 | 128.910 | 126.029 | 131.790 | 38 | 128.642 | 125.761 | 131.522 |
| 9 | 127.647 | 124.767 | 130.528 | 39 | 131.398 | 128.518 | 134.279 |
| 10 | 128.281 | 125.400 | 131.161 | 40 | 131.567 | 128.686 | 134.447 |
| 11 | 129.356 | 126.475 | 132.236 | 41 | 129.950 | 127.070 | 132.831 |
| 12 | 129.657 | 126.777 | 132.538 | 42 | 129.281 | 126.401 | 132.162 |
| 13 | 130.694 | 127.814 | 133.575 | 43 | 129.208 | 126.327 | 132.088 |

| 序号 | 位移值（mm） | 领域下限（mm） | 邻域上限（mm） | 序号 | 位移值（mm） | 领域下限（mm） | 邻域上限（mm） |
|---|---|---|---|---|---|---|---|
| 14 | 129.216 | 126.335 | 132.096 | 44 | 128.949 | 126.068 | 131.829 |
| 15 | 131.955 | 129.075 | 134.836 | 45 | 128.446 | 125.565 | 131.326 |
| 16 | 130.584 | 127.703 | 133.464 | 46 | 130.787 | 127.907 | 133.668 |
| 17 | 125.977 | 123.097 | 128.858 | 47 | 129.820 | 126.940 | 132.701 |
| 18 | 129.319 | 126.438 | 132.199 | 48 | 131.212 | 128.332 | 134.093 |
| 19 | 130.748 | 127.868 | 133.629 | 49 | 130.154 | 127.273 | 133.034 |
| 20 | 132.505 | 129.624 | 135.385 | 50 | 127.685 | 124.805 | 130.566 |
| 21 | 129.085 | 126.205 | 131.966 | 51 | 131.163 | 128.282 | 134.043 |
| 22 | 124.032 | 121.151 | 126.912 | 52 | 130.954 | 128.073 | 133.834 |
| 23 | 129.396 | 126.515 | 132.276 | 53 | 131.435 | 128.555 | 134.316 |
| 24 | 129.208 | 126.328 | 132.089 | 54 | 131.027 | 128.146 | 133.907 |
| 25 | 130.265 | 127.385 | 133.146 | 55 | 131.510 | 128.629 | 134.390 |
| 26 | 127.833 | 124.952 | 130.713 | 56 | 129.448 | 126.568 | 132.329 |
| 27 | 129.060 | 126.179 | 131.940 | 57 | 130.841 | 127.961 | 133.722 |
| 28 | 129.413 | 126.532 | 132.293 | 58 | 131.327 | 128.446 | 134.207 |
| 29 | 128.508 | 125.627 | 131.388 | 59 | 130.508 | 127.627 | 133.388 |
| 30 | 129.226 | 126.345 | 132.106 | 60 | 131.825 | 128.945 | 134.706 |

表 6-2　1# 倾倒变形体表面位移 GTP06 可信度

| 序号 | 位移值（mm） | $\xi_i$ | 可信度 | 序号 | 位移值（mm） | $\xi_i$ | 可信度 |
|---|---|---|---|---|---|---|---|
| 1 | 127.711 | 1 | 1.000 | 31 | 131.214 | 6 | 0.833 |
| 2 | 127.536 | 2 | 1.000 | 32 | 131.811 | 6 | 0.667 |
| 3 | 126.292 | 4 | 1.000 | 33 | **121.919** | 6 | **0.000** |
| 4 | 126.533 | 6 | 1.000 | 34 | 132.665 | 6 | 0.833 |
| 5 | 128.817 | 6 | 1.000 | 35 | 130.674 | 6 | 0.833 |
| 6 | 128.580 | 6 | 1.000 | 36 | 131.862 | 6 | 0.667 |
| 7 | 128.149 | 6 | 1.000 | 37 | 130.608 | 6 | 1.000 |
| 8 | 128.910 | 6 | 1.000 | 38 | 128.642 | 6 | 0.667 |
| 9 | 127.647 | 6 | 1.000 | 39 | 131.398 | 6 | 1.000 |
| 10 | 128.281 | 6 | 1.000 | 40 | 131.567 | 6 | 0.833 |
| 11 | 129.356 | 6 | 1.000 | 41 | 129.950 | 6 | 1.000 |

| 序号 | 位移值(mm) | $\xi_i$ | 可信度 | 序号 | 位移值(mm) | $\xi_i$ | 可信度 |
|---|---|---|---|---|---|---|---|
| 12 | 129.657 | 6 | 1.000 | 42 | 129.281 | 6 | 1.000 |
| 13 | 130.694 | 6 | 1.000 | 43 | 129.208 | 6 | 1.000 |
| 14 | 129.216 | 6 | 0.833 | 44 | 128.949 | 6 | 1.000 |
| 15 | 131.955 | 6 | 0.833 | 45 | 128.446 | 6 | 1.000 |
| 16 | 130.584 | 6 | 0.833 | 46 | 130.787 | 6 | 1.000 |
| 17 | **125.977** | 6 | **0.000** | 47 | 129.820 | 6 | 1.000 |
| 18 | 129.319 | 6 | 0.667 | 48 | 131.212 | 6 | 0.833 |
| 19 | 130.748 | 6 | 0.667 | 49 | 130.154 | 6 | 1.000 |
| 20 | **132.505** | 6 | **0.167** | 50 | **127.685** | 6 | **0.333** |
| 21 | 129.085 | 6 | 0.667 | 51 | 131.163 | 6 | 0.833 |
| 22 | **124.032** | 6 | **0.000** | 52 | 130.954 | 6 | 0.833 |
| 23 | 129.396 | 6 | 0.667 | 53 | 131.435 | 6 | 0.833 |
| 24 | 129.208 | 6 | 0.833 | 54 | 131.027 | 6 | 1.000 |
| 25 | 130.265 | 6 | 0.833 | 55 | 131.510 | 6 | 1.000 |
| 26 | 127.833 | 6 | 1.000 | 56 | 129.448 | 6 | 1.000 |
| 27 | 129.060 | 6 | 1.000 | 57 | 130.841 | 6 | 1.000 |
| 28 | 129.413 | 6 | 1.000 | 58 | 131.327 | 4 | 1.000 |
| 29 | 128.508 | 6 | 0.833 | 59 | 130.508 | 2 | 1.000 |
| 30 | 129.226 | 6 | 0.833 | 60 | 131.825 | 1 | 1.000 |

在 2019 年 7 月 4 日之前,监测值的可信度均为 1.000,到 2019 年 7 月 7 日,监测值的可信度下降至 0.833,而 7 月 8 日的可信度为 0,过后 7 月 9 日的可信度又是 0.667,因此由可信度突变判断 7 月 8 日的监测值是粗差。同理 2019 年 7 月 13 日和 7 月 25 日的测值可信度均为 0;7 月 11 日的测值可信度为 0.167,8 月 13 日的测值可信度为 0.333,数值小于 0.6,表明以上数据可信度低。根据粗差的孤立性和异常值的累计性,结合表 6-1 异常信息的邻域上下界限可知,该列 5 组数据中可信度的变化不是一个逐渐累计的过程,而是具有一定的突变性,说明该 5 组异常信息是监测错误等原因引起的粗差,应予以剔除。将剔除 5 组异常信息的数据再次进行粗差探测,计算结果显示剩余数据的可信度大部分为 1,均大于 0.6,可信度高。

倾倒变形体监测数据因设备原因或外界影响未能收集到部分日期的数据,

数据序列存在缺失值,加之剔除了异常数据,需要补全这些缺失数据。由于现场监测数据与时间不是简单的线性关系,采用传统的线性插值并不能较好地得到符合监测特点的数据,因此采用分形插值法对数据进行处理。分形插值可以反映量相邻点间的局部特性,得到比传统插值方法更高的精度。

仍以黄登水电站坝前 1# 倾倒变形体于 2019 年 6 月 16 日至 2019 年 8 月 23 日的表面位移 GTP06 监测数据为例,为验证分形插值精度,将 2019 年 6 月 27 日、7 月 24 日及 8 月 20 日的监测数据作为未知值,用以验证插值结果的准确性。采用纳什效率系数(NSE)对插值进行误差分形,结果误差如表 6-3。

表 6-3　分形插值结果误差

| 日期 | 监测值 | 分形插值 | NSE |
|---|---|---|---|
| 6 月 27 日 | 128.580 | 128.033 | |
| 7 月 24 日 | 131.811 | 131.748 | 0.893 6 |
| 8 月 20 日 | 130.841 | 130.136 | |

纳什效率系数 NSE 值越接近 1 表明两个序列吻合程度越高,即插值效果越好。由表 6-3 可以看出,NSE＝0.893 6,插值效果不错,分形插值误差较小,可以较好地处理倾倒变形体监测数据。因此,对表面位移 GTP06 监测数据进行插值,分形插值结果如表 6-4,表中加粗数值即为插值结果,并作实测数据时序与分形插值数据序列如图 6-10。

表 6-4　1# 倾倒变形体表面位移 GTP06 分形插值结果

| 序号 | 位移值(mm) | 序号 | 位移值(mm) | 序号 | 位移值(mm) |
|---|---|---|---|---|---|
| 1 | 127.711 | 24 | 129.319 | 47 | 131.398 |
| 2 | 127.536 | 25 | 130.748 | 48 | 131.567 |
| 3 | **127.158** | 26 | 132.505 | 49 | 129.950 |
| 4 | **126.354** | 27 | 129.085 | 50 | 129.281 |
| 5 | 126.292 | 28 | **128.988** | 51 | 129.208 |
| 6 | **126.161** | 29 | 129.396 | 52 | 128.949 |
| 7 | 126.533 | 30 | 129.208 | 53 | 128.446 |
| 8 | 128.817 | 31 | 130.265 | 54 | **130.787** |
| 9 | **128.497** | 32 | 127.833 | 55 | 130.052 |
| 10 | **128.540** | 33 | 129.060 | 56 | 129.820 |
| 11 | **128.511** | 34 | 129.413 | 57 | 131.212 |

续表

| 序号 | 位移值(mm) | 序号 | 位移值(mm) | 序号 | 位移值(mm) |
|---|---|---|---|---|---|
| 12 | 128.580 | 35 | 128.508 | 58 | 130.154 |
| 13 | 128.149 | 36 | **128.615** | 59 | 127.685 |
| 14 | 128.910 | 37 | 129.226 | 60 | 131.163 |
| 15 | 127.647 | 38 | 131.214 | 61 | 130.954 |
| 16 | 128.281 | 39 | 131.811 | 62 | 131.435 |
| 17 | 129.356 | 40 | **131.815** | 63 | 131.027 |
| 18 | 129.657 | 41 | 132.665 | 64 | 131.510 |
| 19 | 130.694 | 42 | 130.674 | 65 | 129.448 |
| 20 | 129.216 | 43 | 131.862 | 66 | 130.841 |
| 21 | 131.955 | 44 | 130.608 | 67 | 131.327 |
| 22 | 130.584 | 45 | **129.373** | 68 | 130.508 |
| 23 | **129.699** | 46 | 128.642 | 69 | 131.825 |

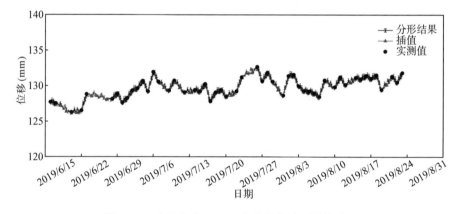

图 6-10　表面位移 GTP06 部分数据分形插值结果

# 6.3　基于 Spearman 的变形双变量相关性分析

　　自动化监测平台可对倾倒变形体进行长期实时监测,而监测数据分析对研究倾倒变形体具有重要意义。实际的原位监测数据需进行预处理后再进行变形特征分析,进而判断倾倒变形体收敛情况。

　　基于 SPSS(统计产品与服务解决方案)分析软件,根据 Spearman 原理分析实际原位监测数据,对 1# 倾倒变形体位移与降雨量、库水位、气温和锚杆应力进行相关分析,确定倾倒变形体变形本质因素。

### 6.3.1　监测数据清洗及检验

由于倾倒体变形监测时可能产生误差,原始数据不可直接使用,因此通常在对原位监测数据分析和使用之前进行监测数据预处理。监测数据误差中系统误差分析十分重要,系统误差是在同一监测条件下,对同一个监测指标进行多次监测时产生的误差,其绝对值和正负变化很小或变化会保持一定的规律,采用修正值对减小系统误差效果明显。随机误差是在监测过程中,一系列因素随机波动而产生的误差。其产生原因可能是仪器的因素、人员操作、外界环境因素等。对监测数据的预处理主要是减小粗大误差,去除粗差提高分析结果的准确性。

由于岩土体突然变形也会导致监测数据产生异常值,而此时监测数据中的异常值是有价值的信息,通常应用逻辑判断和经验对异常值和粗差进行区分。处理粗差的方法有以下几种:去除含有异常值的监测值、当作缺失值进行填补、平均值修正。

基于差分序列的莱茵达准则,在正态总体样本中筛选可疑数据 $x_m$,若满足公式:

$$| x_m - X | > 3S \tag{6-20}$$

$$样本均值\ X = \frac{x_1 + x_2 + \cdots + x_n}{n} \tag{6-21}$$

$$样本标准差\ S = \sqrt{\frac{1}{n-1} \sum_{i=1}^{n} (x_i - X)^2} \tag{6-22}$$

则可疑值 $x_m$ 含有粗大误差,应舍弃。结合倾倒变形体变形特征,对实际监测数据进行检验,若监测数据与监测数据样本均值差值的绝对值均小于三倍的样本标准差,则不需舍弃数据,部分监测数据粗差处理如表 6-5。

表 6-5　部分监测数据粗差处理

| 名称 | GTP04<br>表面位移<br>(mm/week) | M03<br>深部位移<br>(mm/week) | RA04<br>锚杆应力<br>(MPa/week) | P04<br>渗压<br>(m) | 降雨<br>(mm/week) | 气温<br>(℃) |
|---|---|---|---|---|---|---|
| 平均值 | 28.591 | 57.575 | 52.963 | 67.511 | 12.018 | 18.510 |
| 标准差 | 19.981 | 37.181 | 32.609 | 31.769 | 16.189 | 5.354 |

对去除粗差后的监测数据主要应用线性插值进行数据补插,两个监测点为 $(x_0,y_0)$、$(x_1,y_1)$,补插点为 $(x,y)$,插值公式如下:

$$y = y_0 + \frac{y_1 - y_0}{x_1 - x_0}(x - x_0) \tag{6-23}$$

正态分布(Normal Distribution)在数据统计中广泛应用,正态分布曲线大致为中心高于两边,为轴对称形状。

若随机变量 $X$ 服从数学期望为 $\mu$、参数为 $\sigma$ 的概率分布,则该正态分布记为 $X \sim N(\mu,\sigma^2)$。$X$ 的概率密度函数为

$$f(x) = \frac{1}{\sqrt{2\pi}\sigma}\exp(-\frac{(x-\mu)^2}{2\sigma^2}) \tag{6-24}$$

正态性检验的方法通常有 Shapiro-Wilk 检验(W 检验)和 Kolmogorov-Smirnov 检验(K-S 检验)两种,W 检验原理如下。

设样本为 $x_1$、$\cdots$、$x_n$,则该样本的统计量表示如下:

$$f(x) = \frac{1}{\sqrt{2\pi}\sigma}\exp(-\frac{(x-\mu)^2}{2\sigma^2}) \tag{6-25}$$

$$W = \frac{(\sum_{i=1}^{n} a_i(x_{(i)}))^2}{\sum_{i=1}^{n}(x_i - \bar{x})^2} \tag{6-26}$$

其中,$x_{(i)}$ 表示排序之后样本,$\bar{x}$ 表示样本的均值。$a_i$ 表示常量,

$$(a_1,\cdots,a_n) = \frac{m^{\mathrm{T}}V^{-1}}{(m^{\mathrm{T}}V^{-1}V^{-1}m)^{\frac{1}{2}}} \tag{6-27}$$

$$m = (m_1,\cdots,m_n)^{\mathrm{T}} \tag{6-28}$$

其中,$m$ 表示独立有序统计量的期望值,$V$ 为协方差。

W 检验通常用于数据量小于 5 000 的样本,较适用于黄登水电站 1# 倾倒变形体监测数据。若 W 统计量越接近于 1,同时 $p < 0.05$ 或 0.01,则结果显著性明显,表示可以拒绝原假设,说明数据为正态分布。偏度是相对于正态分布来划分,正态分布偏度为 0。偏度的大小反映分布的偏移严重程度。峰度表示数据分布是否不均,若数据均匀分布则峰度数值为 -1.2,若正态分布则峰度为

0,若是指数分布则峰度为 6。

对表面位移数据、深部位移数据、锚杆应力数据、渗压数据、气温数据、降雨数据进行 W 检验,部分数据正态性检验结果见表 6-6。

表 6-6　部分数据正态性检验表

| 名称 | GTP04<br>表面位移<br>(mm/week) | M03<br>深部位移<br>(mm/week) | RA04<br>锚杆应力<br>(MPa/week) | P04<br>渗压<br>(m) | 降雨<br>(mm/week) | 气温<br>(℃) |
|---|---|---|---|---|---|---|
| 平均值 | 28.591 | 57.575 | 52.963 | 67.511 | 12.018 | 18.510 |
| 中位数 | 30.700 | 84.110 | 63.411 | 84.986 | 4.000 | 18.800 |
| 方差 | 399.235 | 1 382.458 | 1 063.315 | 1 009.299 | 262.095 | 28.670 |
| 标准差 | 19.981 | 37.181 | 32.609 | 31.769 | 16.189 | 5.354 |
| 偏度 | 0.056 | 0.056 | 0.056 | 0.056 | 0.056 | 0.056 |
| 峰度 | −1.517 | −1.517 | −1.517 | −1.517 | −1.517 | −1.517 |
| Shapiro-Wilk 检验 | 0.900(0) | 0.645(0) | 0.879(0) | 0.765(0) | 0.753(0) | 0.951(0) |

将表中的平均值、方差等数据用于正态性检验,W 统计量接近于 1,$p$ 值小于 0.05,则拒绝原假设即其符合正态分布,部分数据正态分布曲线如图 6-11～图 6-14。

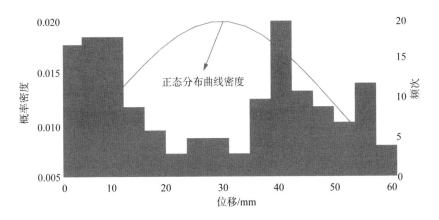

图 6-11　表面位移 GTP04 正态分布曲线图

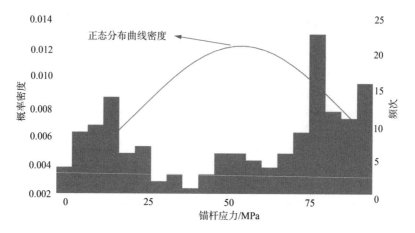

图 6-12　锚杆应力 RA04 正态分布曲线图

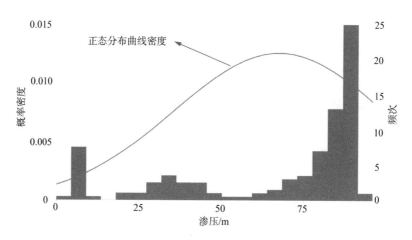

图 6-13　渗压正态分布曲线图

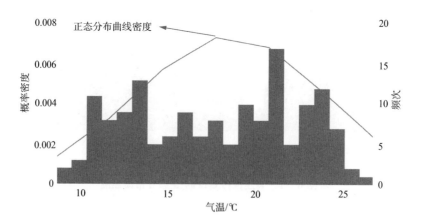

图 6-14　气温正态分布曲线图

由表和图对表面位移数据、深部位移数据、锚杆应力数据、渗压数据、气温数据进行正态检验,结果表明:$p < 0.05$,显著性明显,拒绝原假设。W 接近于 1,图中数据基本上在正态曲线内。数据虽不是绝对正态,但基本可接受为正态分布,可用于后续监测资料分析。

### 6.3.2 变形双变量相关性分析

双变量相关性分析是指对两个变量进行关联程度的分析,相关系数表示两个变量因素之间的相关性大小。应用 SPSS 双变量相关分析中的 Spearman 系数进行计算分析,用来确定两定距变量间的相关程度大小,Spearman 相关系数 $r$ 计算如下[12]:

$$r = \frac{\text{COV}(R_x, R_y)}{S_{R_x} \times S_{R_y}} = \frac{\sum_{i=1}^{n}(R_{xi} - \overline{R_x})(R_{yi} - \overline{R_y})}{\sqrt{\sum_{i=1}^{n}(R_{xi} - \overline{R_x})^2 \sum_{i=1}^{n}(R_{yi} - \overline{R_y})^2}} \qquad (6-29)$$

其中,COV 表示两变量的协方差,$S_{R_x}$、$S_{R_y}$ 分别表示变量 $x$、$y$ 样本标准差,$R_{xi}$、$R_{yi}$ 分别表示数据 $i$ 的等级,$\overline{R_x}$、$\overline{R_y}$ 分别表示变量 $x$、$y$ 的平均等级。

$d_i = R_{xi} - R_{yi}$,则

$$r = 1 - \frac{6 \times \sum_{i=1}^{n} d_i^2}{n(n^2 - 1)} \qquad (6-30)$$

式中:$n$ 为变量的对子数;$d_i$ 为秩次之差。

当相同秩次较多时,会影响 $\sum d^2$ 值,应采用下式计算校正等级相关系数,即

$$r = \frac{\frac{n^3 - 3}{6} - (t_x + t_y) - \sum d^2}{\sqrt{\left(\frac{n^3 - n}{6} - 2t_x\right)\left(\frac{n^3 - n}{6} - 2t_y\right)}} \qquad (6-31)$$

式中:$t_x$、$t_y$ 的计算公式相同,均为 $\sum \frac{t_i^3 - t_i}{12}$。

在计算 $t_x$ 时,$t_i$ 为 $x$ 变量的相同秩次数;在计算 $t_y$ 时,$t_i$ 为 $y$ 变量的相同秩次数。最后对 $r$ 进行显著性检验。

当 $0.8 \leqslant |r| \leqslant 1.0$ 时,表示两变量为极强相关;

$0.6 \leqslant |r| < 0.8$ 时,表示两变量为强相关;

$0.4 \leqslant |r| < 0.6$ 时,表示两变量为中等相关;

$0.2 \leqslant |r| < 0.4$ 时,表示两变量为弱相关;

$0.0 \leqslant |r| < 0.2$ 时,表示两变量为极弱相关或不相关。

sig(显著性水平)是差异显著的检验值,统计学上当其值小于 0.05 时,认为是具有统计学差异,即可以否定无效假设。

黄登水电站库区降雨呈季节性变化特点,雨量集中分布在每年的 6 月到 10 月,倾倒变形体位移速率也随着季节性降雨呈现周期性变化规律。选取表面监测点 GTP06 位移速率和深部监测点 M03 深 8 m 处位移速率,应用 SPSS 分析软件进行双变量相关分析。表面监测点 GTP06 位移速率与降雨量的相关系数为 0.435,sig 为 0.004<0.050。深部监测点 M03 位移速率与降雨量的相关系数为 0.510,sig 为 0.009<0.050。sig 小于 0.05,数据具有显著意义,结果表明位移速率与降雨量呈中等相关,表面位移速率与深部位移速率对降雨存在一定时间的滞后。倾倒变形体位移速率与降雨量关系曲线如图 6-15 所示。

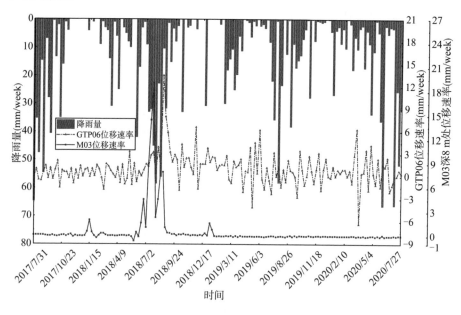

图 6-15　位移速率与降雨量关系曲线

2018 年 8 月黄登水电站蓄水达到正常水位 1 618 m,倾倒变形体在库水位和洪峰等水动力因素作用下,表面监测点 GTP06 位移速率在 2018 年 8 月 20 日达到峰值 13.5 mm/week。表面监测点 GTP06 位移速率与库水位速率的相关系数为 0.775,sig<0.001。深部监测点 M03 位移速率与库水位速率的相关系数为 0.735,sig<0.001。结果表明位移速率与库水位变化呈强相关,倾倒变形体位移速率与库水位变化存在一定时间的滞后。位移速率与库水位变化之间的关系曲线如图 6-16 所示。

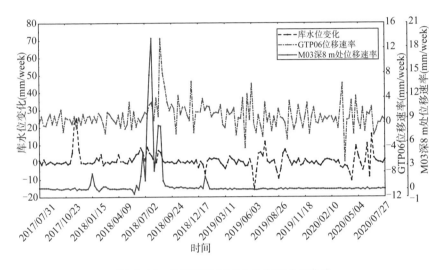

图 6-16 位移速率与库水位变化关系曲线

双变量相关分析方法表明,表面监测点 GTP06 位移速率与气温的相关系数为 -0.251,sig 为 0.222>0.050。深部监测点 M03 位移速率与气温的相关系数为 0.027,sig 为 0.900>0.050。结果表明,位移速率与气温没有统计学差异,是无效假设。位移速率与气温之间的关系曲线如图 6-17 所示。

倾倒变形体监测点渗压受降雨和库水位的两个因素影响,渗压变化和位移速率之间存在较为复杂的相关联系。双变量相关分析方法表明,监测点 GTP06 表面位移速率与监测点 P04 渗压变化速率的相关性系数为 0.632,sig<0.001。监测点 M03 深 8 m 处位移速率与监测点 P04 渗压变化速率的相关性系数为 0.516,sig 为 0.041。sig 小于 0.050,数据具有显著意义,倾倒变形体深部位移变化速率与渗压变化速率呈中等相关,表面位移变化速率对渗压变化速率有一定的滞后。位移速率与渗压变化速率之间的关系曲线如图 6-18 所示。

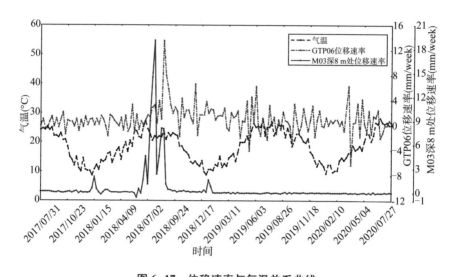

图 6-17　位移速率与气温关系曲线

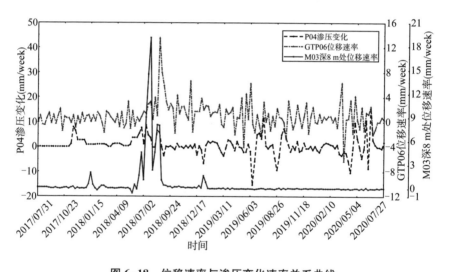

图 6-18　位移速率与渗压变化速率关系曲线

　　$1^{\#}$倾倒变形体共设有 4 套锚杆应力计进行锚杆应力监测,锚杆应力监测点 RA04 与深部位移监测点 M04 空间位置对应,位于Ⅳ-Ⅳ′测线。监测结果表明,监测点 M04 深部位移从 2018 年 7 月 16 日到 2019 年 4 月 15 日持续增大,监测点 RA04 锚杆应力随之明显增大。2019 年 4 月 22 日后深部位移趋于平稳,锚杆应力随之增速。对监测点 RA04 深 16 m 处的锚杆应力与监测点 M04 深 16 m 处的位移在 SPSS 中进行分析,相关性系数为 0.950,sig<0.001。

结果表明,锚杆应力与深部位移呈极强相关,锚杆应力随深部位移增大而增大,锚杆对深部位移起约束作用。倾倒变形体监测点 RA04 锚杆应力与深部监测点 M04 位移的关系曲线如图 6-19 所示。

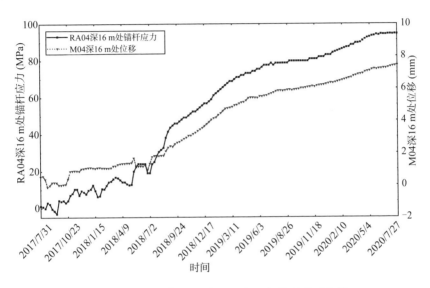

**图 6-19　Ⅶ-Ⅶ'测线锚杆应力与深部位移关系曲线**

锚杆应力监测点 RA02 与深部位移监测点 M02 空间位置对应,位于Ⅳ-Ⅳ'测线。监测点 RA02 锚杆应力与深部监测点 M02 位移的关系曲线如图 6-20 所示。

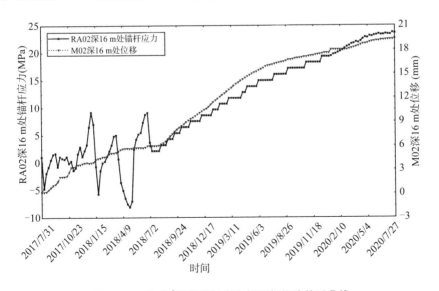

**图 6-20　Ⅳ-Ⅳ'测线锚杆应力与深部位移关系曲线**

　　监测结果表明,监测点 M02 深部位移从 2018 年 7 月 16 日到 2019 年 4 月 15 日持续增大,监测点 RA02 锚杆应力随之明显增大。对监测点 RA02 深 16 m 处的锚杆应力与监测点 M02 深 16 m 处的位移在 SPSS 中进行分析,相关性系数为 0.872,sig<0.001。结果表明,锚杆应力与深部位移呈极强相关,锚杆应力随深部位移增大而增大,锚杆对深部位移起约束作用。

　　由监测布置可知,监测点 GTP06 与 M04 空间位置对应,位于Ⅶ-Ⅶ′测线。分析结果表明,表面位移速率与深部位移速率的相关性系数为 0.611,sig 为 0.001,表面位移速率与深部位移速率呈强相关。表面监测点 GTP06 位移速率与深部监测点 M04 位移速率的关系曲线如图 6-21 所示。

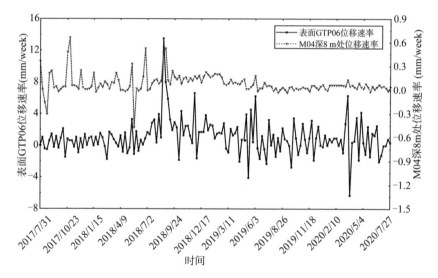

**图 6-21　Ⅶ-Ⅶ′测线表面与深部位移速率关系曲线**

　　由监测布置可知,监测点 GTP03 与 M02 空间位置对应,位于Ⅳ-Ⅳ′测线。分析结果表明,表面位移速率与深部位移速率的相关性系数为 0.602,sig 为 0.014,表面位移速率与深部位移速率呈强相关。表面监测点 GTP03 位移速率与深部监测点 M02 位移速率的关系曲线如图 6-22 所示。

　　2019 年 6 月上旬,水库运行过程中库水位十天降幅达 33 m。由于库区水位骤降,库区多处出现地面开裂变形,局部岸坡发生变形,部分沿江公路中断。针对这段时间内库区突发的险情,基于现场原位监测资料,分析库水位骤降对 1# 倾倒变形体变形的影响情况。

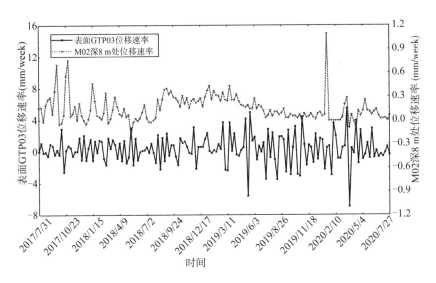

图 6-22  Ⅳ-Ⅳ'测线表面与深部位移速率关系曲线

库区水位在 2019 年 5 月 3 日到 2019 年 6 月 1 日期间开始缓慢下降,最大库水位变化速率为-0.75 m/d。2019 年 6 月 2 日到 2019 年 6 月 14 日期间,库水位开始快速下降,2019 年 6 月 7 日最大下降速率为-3.12 m/d。采用 Spearman 相关系数,衡量定距变量间的相关关系,并对相关系数 $r$ 进行显著性检验。

取 2019 年 6 月 2 日至 6 月 15 日的监测数据,期间监测点 GTP06 位移变化不明显,其与库水位变化速率没有明显的相关关系,对库水位变化速率与监测点 GTP05 表面位移变化速率做相关性分析。分析表明,库水位变化速率与延后 2 天的监测点 GTP05 位移变化速率相关性明显,相关系数为 0.690,sig 为 0.006,数据具有显著意义,位移与库水位下降呈强相关。监测点 GTP05 高程较低,随着库水位的快速下降,库水位变化对其影响较大,位移相应变化较大,库水位变化等水动力作用是 1# 倾倒变形体位移增长的控制因素。库水位变化速率与延后 1～4 天 GTP05 位移变化速率相关性系数如表 6-7。

表 6-7  GTP05 位移变化速率与库水位变化相关系数

| 相关性分析 | | GTP05 监测点 | 位移延后 1 天 | 位移延后 2 天 | 位移延后 3 天 | 位移延后 4 天 |
|---|---|---|---|---|---|---|
| Spearman 相关系数法 | 相关系数 $r$ | 0.426 | 0.058 | 0.690 | 0.101 | 0.068 |
| | sig | 0.129 | 0.844 | 0.006 | 0.732 | 0.816 |

## 6.4　基于灰色关联的变形相关性分析

为了深入剖析倾倒变形体变形特征,可对表面和深部监测数据进行变形速率分析,研究影响其变形的外在因素,如库水位变化、降雨量及温度等。首先对预处理后的数据序列进行位移速率分析,选用灰色关联分析法对影响因素排序进行深入研究探讨。

基于时间序列曲线的相似性,采用灰色关联分析法计算参考序列与比较序列的关联度,得到影响因素排序以确定主要影响因素。曲线越接近,对应序列的灰色关联度越大。灰色关联分析法的步骤如下:

(1) 建立灰色关联矩阵。在倾倒变形体变形灰色系统中假定有 $m$ 个灰因子序列,每个灰因子有 $n$ 个评价指标,记第 $i$ 个灰因子序列的 $j$ 个指标值为 $x_{ij}$ ($i=1,2,\cdots,m$；$j=1,2,\cdots,n$)。由比较序列构成灰色关联矩阵 $\boldsymbol{X}=[x_{ij}]_{m\times n}$,即 $\boldsymbol{X}=[\boldsymbol{X}_1,\boldsymbol{X}_2,\boldsymbol{X}_3,\boldsymbol{X}_4]^{\mathrm{T}}$。参考序列是基于评价目的选择的,并由各指标的最优(或最差)值构成,此处选择倾倒变形体位移变形速率数列为参考列,即 $\boldsymbol{X}_0=(x_0,x_1,\cdots,x_n)^{\mathrm{T}}$。

(2) 建立无量纲化指标矩阵。倾倒变形体各监测数据的时间序列量纲不同,且指标值的数量级也相差悬殊,对原始数据很难直接进行比较。因此消除量纲或单位是反映时间序列之间内在关系的必要步骤。数据无量纲化法主要有标准化法、初值化法及均值法等。其中 Min-Max 标准化处理变换具有量纲为1,各要素极大值为1,极小值为0,且其余数值在0至1之间。无量纲化指标矩阵 $\boldsymbol{Y}=[y_{ij}]_{m\times n}$ 可由式(6-32)变换得到。

$$y_{ij}=\frac{x_{ij}-\min\limits_{i}\{x_{ij}\}}{\max\limits_{i}\{x_{ij}\}-\min\limits_{i}\{x_{ij}\}} \tag{6-32}$$

(3) 建立灰色关联系数矩阵。以无量纲化指标矩阵中 $y_{kj}$ 作为灰色关联分析参考序列,第 $i$ 时间序列的第 $j$ 指标与参考序列指标的灰色关联系数如下:

$$\xi_{ij}=\frac{\min\limits_{1\leqslant i\leqslant m}\min\limits_{1\leqslant j\leqslant n}|y_{ij}-y_{kj}|+\eta\max\limits_{1\leqslant i\leqslant m}\max\limits_{1\leqslant j\leqslant n}|y_{ij}-y_{kj}|}{|y_{ij}-y_{kj}|+\eta\max\limits_{1\leqslant i\leqslant m}\max\limits_{1\leqslant j\leqslant n}|y_{ij}-y_{kj}|} \tag{6-33}$$

式中:分辨系数 $\eta\in[0,1]$,一般取 0.5。通过计算灰色关联系数可构建灰色关联

系数矩阵 $\boldsymbol{\xi}=[\xi_{ij}]_{s\times n}$，其中 $s=m-1$。

（4）确定灰色关联度及关联序。通过比较时间序列数据的几何关系计算关联度，用单位时间的关联系数平均值表示。倾倒变形体变形系统各影响因素时间序列的关联度计算如下式，并可依据关联度大小对各影响因素进行主次排序。

$$r_i = \frac{1}{n}\sum_{j=1}^{n}\xi_{ij} \qquad (6-34)$$

灰色关联分析法可用较少的样本数据计算倾倒变形体变形的各影响因素主次关系。基于大量库岸变形研究成果，选取倾倒变形体位移速率为系统特征变量，即参考序列；由于位移变形随时间变化呈现不断增长趋势，可以看出位移变化与时间因素有一定的相关性，则选取时间、降雨量、库水位变化速率、平均气温为相关因素变量，即比较序列。利用灰色关联分析法确定比较序列 $\boldsymbol{X}_1$、$\boldsymbol{X}_2$、$\boldsymbol{X}_3$、$\boldsymbol{X}_4$ 相对于参考序列 $\boldsymbol{X}_0$ 的关联度。通过关联度的大小可得各影响因素对其位移变形速率的影响顺序，关联度较大则表明测点位移与该因素之间具有显著相关性。

为进一步研究位移变化特征，选取位移变形较大的 Ⅶ-Ⅶ′ 剖面上 GTP06 表面位移变化及 Ⅳ-Ⅳ′ 剖面上 M03 测点各深部位移变化进行位移变形速率影响因素分析。表面位移监测点 GTP06 位移速率与库水位速率、降雨量和温度关系如图 6-23 所示。深部位移监测点 M03 位移速率与库水位速率、降雨量和温度关系如图 6-24 所示。

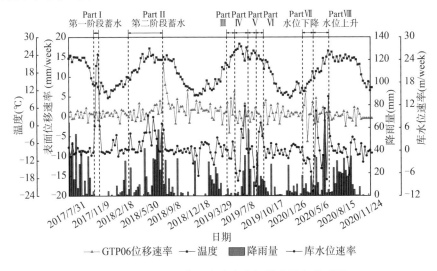

图 6-23　GTP06 表面位移速率与影响因素关系图

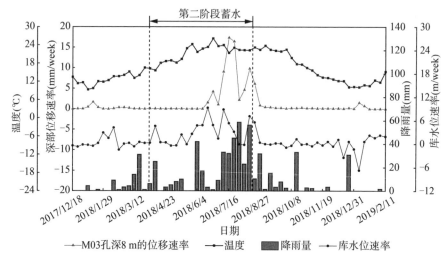

图 6-24    M03 深部位移速率与影响因素关系图

黄登水电站于 2017 年 11 月 10 日开始第一阶段蓄水,至 2018 年 5 月 27 日,水库最高水位达到 1 563 m,第二阶段 2018 年 4 月 1 日开始蓄水至 2018 年 8 月 17 日达到正常蓄水位 1 619 m。2018 年 7 月 26 日至 8 月 25 日,表面位移监测点 GTP06 位移变化增量高达 23.91 mm。

为了掌握倾倒变形体变形速率与库水位变化及降雨量的响应程度,以表面位移监测点 GTP06 和深部位移监测点 M03 各深部位移速率的时间序列为分析样本,由此可构建灰色关联的指标矩阵 $\boldsymbol{X}=[x_{ij}]_{m \times n}$;按照公式(6-32)对各指标进行标准化处理,可得相应的无量纲化指标矩阵 $\boldsymbol{Y}=[y_{ij}]_{m \times n}$;按照公式(6-33)计算可得灰色关联系数矩阵为 $\boldsymbol{\xi}=[\xi_{ij}]_{m \times n}$;计算可得相关因素变量序列 $\boldsymbol{X}_1$、$\boldsymbol{X}_2$、$\boldsymbol{X}_3$、$\boldsymbol{X}_4$ 相对于参考序列 $\boldsymbol{X}_0$ 的关联度 $r$,如表 6-8 所示。

表 6-8    1# 倾倒变形体位移的灰色关联度计算结果

| 监测点 | 关联度,$r$ | | | |
| --- | --- | --- | --- | --- |
| | 时间,$\boldsymbol{X}_1$ | 降雨量,$\boldsymbol{X}_2$ | 库水位变化,$\boldsymbol{X}_3$ | 温度,$\boldsymbol{X}_4$ |
| GTP06 (Part II) | 0.641 5 | 0.698 9 | 0.729 0 | 0.575 8 |
| GTP06 (Part III) | 0.567 2 | 0.646 0 | 0.684 3 | 0.548 9 |
| GTP06 (Part IV) | 0.643 5 | 0.702 0 | 0.791 6 | 0.501 3 |
| M03 (0 m) | 0.625 6 | 0.715 1 | 0.721 6 | 0.606 5 |
| M03 (3 m) | 0.622 9 | 0.714 9 | 0.720 4 | 0.604 7 |

| 监测点 | 关联度,$r$ | | | |
| --- | --- | --- | --- | --- |
| | 时间,$X_1$ | 降雨量,$X_2$ | 库水位变化,$X_3$ | 温度,$X_4$ |
| M03 (8 m) | 0.632 6 | 0.715 6 | 0.725 8 | 0.610 6 |
| M03 (16 m) | 0.612 3 | 0.711 6 | 0.720 5 | 0.594 3 |

结果表明各影响因素对倾倒变形体位移变形速率的影响顺序为:库水位变化>降雨量>时间>温度。无论是表面位移还是深部位移,倾倒变形体位移与水库水位变化均具有显著的相关性,库水位变化对位移变形速率的响应程度最高,其次是降雨量,温度对位移变形的影响最小。综上所述,影响倾倒变形体变形的主要控制因素是水库水位变化和降雨量,1$^{\#}$倾倒变形体具有水动力诱发倾倒变形体的特征。

# 第七章

# 倾倒变形体变形预测

基于监测数据的变形预测，能够在客观规律的基础上，利用大量监测信息和合适预测方法，较为准确地分析未来发展趋势。基于黄登水电站 1# 倾倒变形体监测资料，本章应用机器学习、RNN 和 ARIMA 与 LSTM 组合模型分别对倾倒变形体进行变形趋势预测，运用多种方法建模、分析和对比预测结果与实测数据的拟合程度，为倾倒变形体变形的预测预报提供一定的参考。

## 7.1 基于机器学习的变形预测

基于黄登水电站 1# 倾倒变形体的表面变形监测资料，以时间、库水位、降雨量作为输入参数，以累计位移作为输出参数，构建 LM-BP（Levenberg Marquardt Back Propagation，简称 LM-BP）神经网络模型和 SVR（Support Vector Regression，简称 SVR）模型，然后对倾倒变形体进行变形预测，通过模型优化将预测结果与实际监测数据进行比较以验证该模型的可靠性和适用性。

### 7.1.1 LM - BP 神经网络模型

BP 神经网络算法的基本思想是：把输出误差以某种方式通过隐层向输入层逐层反向传播，并将误差分摊给各层的所有节点，从而获得各层节点的误差信号，根据该信号来修正各节点的权值。传统 BP 神经网络算法还存在一些不足，如对初始网络权值选取敏感、收敛速度慢、易陷于局部极值点和网络泛化能力差等。针对这些问题，提出诸多改进算法，如附加动量项、自适应学习率算法、LM 算法等。LM 算法，利用 Gauss-Newton 法可以在最优值附近产生一个理想的搜索方向，从而保持较快下降速度的特点，在最速梯度下降法和 Gauss-Newton 法之间自适应调整网络权值，使每次迭代不再沿着单一的负梯度方向，而是允许误差沿着恶化的方向进行搜索，使网络能够有效收敛，大大提高了网络的收敛速度和泛化能力。

### 7.1.2 SVR 模型

SVR 模型是由 Vapnik 提出并且已经广泛用于非线性问题求解的方法。该方法针对有限的样本数据，可以实现结构风险最小化，可以在给定的数据逼近的精度与逼近函数的复杂性之间寻求折中，以期获得最好的推广能力；最终解决的是一个凸二次规划问题，从理论上说，得到的将是全局最优解，解决了在神经网络方法中无法避免的局部极值问题;将实际问题通过非线性变换转换到高维的特征空间,在高维空间中构造线性决策函数来实现原空间中的非线性决策函数,巧妙地解决了维数问题,并保证了有较好的推广能力,而且算法复杂度与样本维数无关。在 SVR 模型中,样本数据分为训练样本和测试样本。然后,将预先选择的输入矢量(训练样本)映射到高维特征空间,对数据进行计算,在最优决策函数模型的空间中获得最佳拟合效果,并且训练样本用于验证分析模型结果。该方法主要是用于预测分析。

该模型的依据为统计学习理论,存在很多优点,最重要的是,它只要很少的样本数量来学习,并且有一个简单的统计结构,比传统的 BP 神经网络表现要好。

## 7.1.3　预测预报

考虑到 1# 倾倒变形体受水动力作用的显著影响,以库水位、降雨量、时间作为输入参数,以 1# 倾倒变形体的变形作为输出参数,构建 LM-BP 神经网络模型和 SVR 模型对 1# 倾倒变形体的变形进行分析。

LM-BP 神经网络模型通过均方误差 MSE(Mean Squared Error)、拟合优度 $R^2$ 和误差的大小来反映 LM-BP 神经网络模型的拟合效果以及对该倾倒变形体变形预测的可靠性,SVR 模型通过惩罚系数 C、核函数参数 g(C 越高,说明越不能容忍出现误差,容易过拟合,C 越小,容易欠拟合,C 过大或过小,泛化能力变差;g 隐性地决定了数据映射到新的特征空间后的分布,g 越大,支持向量越少,g 越小,支持向量越多,支持向量的个数影响训练与预测的速度)、拟合优度 $R^2$、均方误差 MSE 和误差的大小来反映 SVR 模型的拟合效果以及对该倾倒变形体变形预测的可靠性,并运用两个模型超前预报 1# 倾倒变形体该测点的变形。

表 7-1　LM-BP 和 SVR 模型适应性检验参数指标

| 模型 | C | g | $R^2$ | MSE |
|---|---|---|---|---|
| LM-BP 模型 | / | / | 0.99 | 1.94 |
| SVR 模型 | 6.70 | 0.09 | 0.97 | 2.67 |

变形预测研究考虑的工况为正常工况,未考虑暴雨、洪水、库水位大幅度上升或骤降等情况,如遇到上述特定情况需要具体分析。由表 7-1 可知,LM-BP

神经网络模型的拟合优度 $R^2=0.99$，均方误差 MSE＝1.94，最大误差为 2.53％，SVR 模型的惩罚系数 C＝6.70，核函数参数 g＝0.09，拟合优度 $R^2=0.97$，均方误差 MSE＝2.67，最大误差为 4.35％，可见 LM-BP 神经网络模型和 SVR 模型的精度都比较高，且 LM-BP 神经网络模型的精度比 SVR 模型的精度高。由 LM-BP 神经网络模型和 SVR 模型预测得到的 1$^{\#}$ 倾倒变形体累积位移预测曲线见图 7-1。在正常工况下，由图 7-1 可知，1$^{\#}$ 倾倒变形体外观变形测点 GTP06 累积位移的实测值与 LM-BP 神经网络、SVR 模型的预测值相差不大，累积位移的变化趋势基本一致且累积位移值将继续增长，两种预测方法的位移增长趋势大致相同。

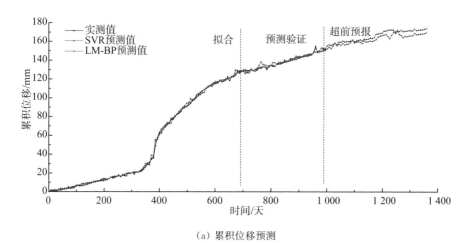

（a）累积位移预测

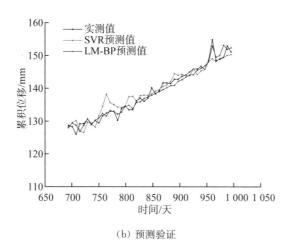

（b）预测验证

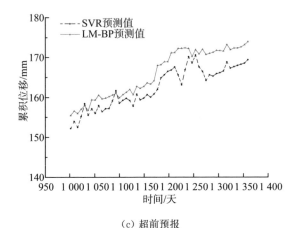

（c）超前预报

**图 7-1    1#倾倒变形体表面监测点 GTP06 累积位移预测曲线**

基于 LM-BP 神经网络模型与 SVR 模型对 1#倾倒变形体的变形进行预测研究，结果表明，在正常工况下，LM-BP 神经网络模型的最大误差为 2.53%，SVR 模型的最大误差为 4.35%，两个模型精度都比较高且 LM-BP 神经网络模型的精度比 SVR 模型的精度高，预测方法有效；两种方法预测研究可为该倾倒变形体的预测预警提供一定的参考。

## 7.2    基于 RNN 和 ARIMA 与 LSTM 组合模型的变形预测

### 7.2.1    预测位移选择

黄登水电站坝前 1#倾倒变形体规模较大，岩体卸荷强烈且松动变形明显。该倾倒变形体可能发生整体失稳破坏，对其进行位移预测十分必要。基于原位监测数据结合 Spearman 相关系数分析，黄登水电站 1#倾倒变形体变形特征影响因素相关性由大到小分别为库水位变化、降雨量、时间、气温。将库水位、降雨量、时间、气温作为输入因素，将倾倒变形体位移作为输出因素，分别采用循环神经网络模型和基于 ARIMA 与 LSTM 组合模型对 1#倾倒变形体进行预测对比分析，为倾倒变形体预测预警提供依据。

监测成果表明：GTP01 监测点 2017 年 8 月初到 2020 年 7 月以来位移持续增长，受降雨、库水位等季节性因素的作用，位移曲线呈现出一定的周期变化特征。将倾倒变形体表面监测点 GTP01 的累积位移作为拟合预测目标。

监测中所获得的数据往往含有噪声,对倾倒变形体监测数据进行预测时,需要对监测数据进行预处理降噪。相比传统去噪方法,小波去噪可以较好保留信号的突变与尖峰信息。含有噪声的监测数据 $f(t)$ 可以表示为:

$$f(t)=s(t)+e(t) \tag{7-1}$$

其中,$s(t)$ 为真实信号,$e(t)$ 为白噪声。

小波去噪基本步骤为:

① 选取一个小波基函数,小波变换系数记为 $w_j$,确定尺度 $j$;

② 确定阈值修正细节系数,获得小波系数;

③ 应用小波系数开展重构,进而获得除去噪声的信号。

应用小波变换选取 sym7 小波函数、软阈值以及 10 层的分解层数,对倾倒变形体表面监测点 GTP01 位移数据进行去噪,并将去噪之后的数据用于下一步拟合预测,表面监测点 GTP01 位移与去噪后的位移曲线如图 7-2。

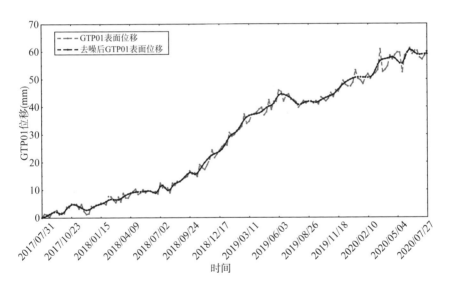

**图 7-2　倾倒变形体表面监测点 GTP01 位移与去噪后位移曲线**

## 7.2.2　循环神经网络模型预测

循环神经网络模型(Recurrent Neural Network,RNN)基于一系列的监测数据,它是在时间序列发展方向进行递归且所有节点(循环单元)按链式连接的递归神经网络。循环神经网络相比传统神经网络具有记忆性、参数共享等特点,因此在对非线性的序列进行拟合预测时较为合适。

RNN 的核心部分是以链式相连的循环单元,其可以类比前馈神经网络中的隐含层。基于给定按序列输入的学习数据,RNN 的展开长度为$\{X=x_1,x_2,\cdots,x_n\}$。待处理的序列通常为时间序列,此时序列的演进方向称为"时间步"。对时间步,RNN 的循环单元表示如下:

$$h(t)=f(s(t),X(t),\theta) \tag{7-2}$$

RNN 输出节点定义为

$$o(t)=vh(t)+c \tag{7-3}$$

式中,$v$、$c$ 是权重系数,根据 RNN 结构的不同,通过对应的输出函数可得一个或多个输出节点的输出值$\hat{y}=g(o)$。

RNN 网络模型第一个循环计算层设定 80 个记忆体,第二个循环计算层设定 100 个记忆体,第三个循环计算层为一层全连接层,损失函数用均方误差表示。将库水位、降雨、气温和时间作为影响因素,将位移作为预测变量。选取 2017 年 7 月 31 日至 2020 年 6 月 1 日的原始监测数据作为模型训练样本集,2019 年 6 月 8 日至 2020 年 12 月 7 日原始监测数据作为模型验证集,对 2020 年 12 月 7 日至 2021 年 12 月 27 日表面监测点 GTP01 位移的数据进行预测。预测位移曲线如图 7-3,预测位移数据如表 7-2。

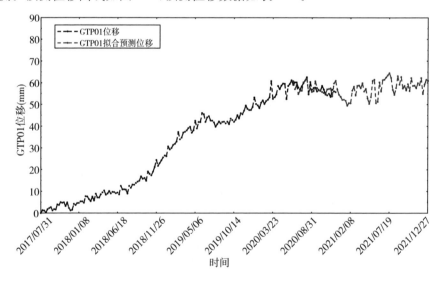

**图 7-3　RNN 模型 GTP01 监测点位移拟合预测曲线**

表 7-2 RNN 模型 GTP01 监测点位移拟合预测数据

| 日期 | 实际值(mm) | 预测值(mm) | 偏差率 |
|---|---|---|---|
| 2020/06/08 | 61.2 | 60.6 | 0.92% |
| 2020/06/15 | 59.0 | 60.8 | 2.90% |
| … | … | … | … |
| 2020/11/30 | 56.1 | 59.8 | 6.47% |
| 2020/12/07 | 55.8 | 60.9 | 9.22% |
| 2020/12/14 | — | 56.9 | — |
| 2020/12/21 | — | 54.6 | — |
| 2020/12/28 | — | 53.6 | — |
| … | | … | — |
| 2021/12/13 | — | 59.3 | — |
| 2021/12/20 | — | 61.4 | — |
| 2021/12/27 | | 62.1 | |

由表可知,循环神经网络模型表面监测点 GTP01 位移预测最大偏差率为 9.22%,最终预测位移为 62.1 mm。监测点 GTP01 预测位移最大变化速率为 10.8 mm/week,监测点 GTP01 预测位移变化速率如图 7-4。

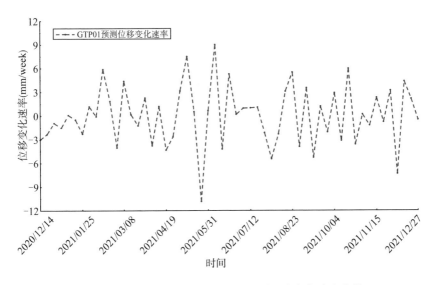

图 7-4 RNN 模型监测点 GTP01 预测位移变化速率曲线

应用 RNN 模型对倾倒变形体表面监测点 GTP01 位移进行预测分析,可以得出以下结论:

(1)应用循环神经网络模型预测的监测点 GTP01 位移波动趋势基本与实际位移监测曲线相符,位移呈波动上升。

(2)循环神经网络模型 GTP01 位移预测最大偏差率为 9.22%,最终预测位移为 62.1 mm,监测点 GTP01 预测位移最大变化速率为 10.8 mm/week,由位移变化速率曲线可以看出 GTP01 位移还处于波动状态。

## 7.2.3　ARIMA 与 LSTM 组合模型预测

倾倒变形体位移是同一时刻在不同因素影响下的综合结果,将原始监测数据分为趋势项位移和周期项位移。趋势项位移采用 ARIMA 模型预测,周期项位移采用 LSTM 模型预测,最终预测结果为趋势项位移和周期项位移的加和,位移组合预测流程如图 7-5。

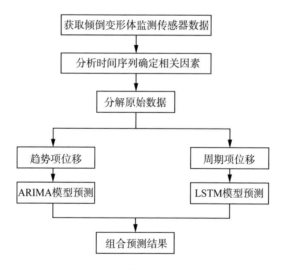

**图 7-5　位移组合预测流程图**

倾倒变形体位移一般为非平稳时间序列,将位移分解后分别进行预测,再将预测数据累加可以获得更好的预测效果。倾倒变形体位移分解一般采用一次移动平均法[13]、二次移动平均法[14]、小波分解法[15, 16]、经验模态分解法[17, 18]等,本章采用经验模态分解法对监测数据进行分解。

时间序列监测数据可以应用数学方法进行分解,分别预测分解后的位移可以获得较高的精度,监测位移可以应用加法$(Y=T+S)$或者乘法模式$(Y=T\times S)$分解为趋势项位移和周期项位移。

经验模态分解(EMD)是一种时频分析处理非平稳信号的方法,不同于建立在先验性谐波基函数的傅里叶分解和建立在小波基函数上的小波分解方法,其不需设置基函数,可以较好处理非平稳序列且信噪比较高。相比其他分解方法,EMD 方法在这一过程中更加直观,可以依据经验判断特征时间尺度及选择本征模态函数,该方法具有直观、间接、后验和自适应等特点。

EMD 分解监测数据必须满足两个条件:

① 监测数据至少分别有一个极大值、极小值;

② 极值点间的时间尺度唯一确定监测数据的局部时域特性。

若监测数据不存在极值点,可以通过拐点对监测数据进行一次或者多次微分直至求得极值,求得极值后再通过积分来获得分解结果。该方法主要依据数据的特征时间尺度来获得本征波动模式,然后进行数据分解,EMD 本质是通过"筛选(sifting)"来获得本征波动模式。

EMD 分解步骤:

① 寻找或者求得数据 $x(t)$ 的所有极值点;

② 利用三次样条曲线对极值点进行拟合,由极值点拟合包络线平均值 $m(t)$,新序列 $h(t)$ 等于 $x(t)$ 与 $m(t)$ 的差值;

$$h(t)=x(t)-m(t) \tag{7-4}$$

③ 对新序列 $h(t)$ 进行本征模态函数(Intrinsic Mode Function,IMF)判断;

④ IMF 判断的标准为:数据中零点数与极值点数数量相同或数量相差为 1,由极大值和极小值点拟合的包络线平均值相等并且为零;

⑤ 若不满足(3)、(4)中的判断,则以 $h(t)$ 代替 $x(t)$,重复以上步骤直到最终的 $h(t)$ 满足判断,此时的 $h(t)$ 即所需的$IMF_t(t)$;

⑥ 重复执行以上步骤,每执行一次就从原数据中扣除它,最后直到将原始数据分解为不可分解或者常值序列以及多个 IMF 分量。

$1^{\#}$ 倾倒变形体监测值可以应用加法$(Y=T+S+I)$或者乘法模式$(Y=T\times S\times I)$分解为趋势项位移和周期项位移,各分量迭代 200 次后分解为趋势项位移、IMF1、IMF2 三个位移分量,IMF1、IMF2 重构为周期项位移。监测点

GTP01 趋势项位移曲线如图 7-6，监测点 GTP01 周期项位移曲线如图 7-7。

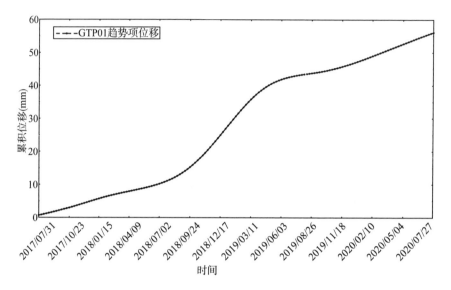

图 7-6　监测点 GTP01 分解趋势项位移曲线

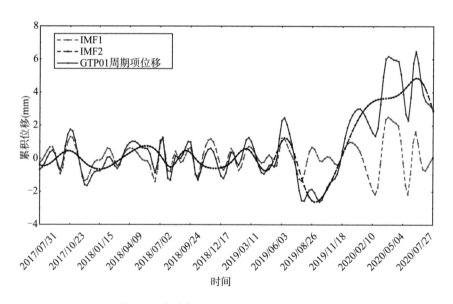

图 7-7　监测点 GTP01 分解周期项位移曲线

差分整合移动平均自回归预测模型（Autoregressive Integrated Moving Average Model，ARIMA）结合了自回归模型和移动平均模型，所以又称差分整合移动平均自回归模型。ARIMA(p,d,q)预测模型中,AR 表示"自回归",MA 表示"滑动平均",p 表示训练模型时的滞后阶数,d 表示数据差分为平稳序列的差分阶数,q 表示移动平均的阶数,差分是该模型的关键步骤。

通过 EMD 可以将原位系列监测数据分解为趋势项位移和周期项位移,分解之后的趋势项位移不一定是严格平稳序列。监测序列的平稳性是指经过样本数据拟合的曲线可以沿着这个趋势外延,数列的均值与方差变化不大。对趋势项位移预测通常使用时间序列前期数值与后期数值相关的自回归 AR(p)模型、滑动平均 MA(q)模型以及将 AR 与 MA 两种模型优势相结合起来的自回归滑动平均混合模型 ARMA(p,q)。AR、MA、ARMA 模型等进行预测时适用于平稳时间序列,基于 ARMA 进一步改进的 ARIMA(p,d,q)模型通过差分可以用于处理非平稳时间序列。应用 ARIMA 模型对时间序列趋势项位移数据进行分析预测,会得到较好的预测效果。通过对预测数据自身时间序列预处理,利用已知相关数据确定发展变化趋势,建立相对准确的包含动态关系的时间序列数学模型。

时间序列经过差分后,去除局部水平或者趋势后会表现出同质性,经过这种转换变成平稳时间序列。从原理来看,每次差分会损失信息,所以差分次数要有所限制。如果序列$\{y_t\}$二阶矩有限($Ey_t^2 < \infty$)且满足以下条件,可称为宽平稳序列。

宽平稳序列定义如下:

① $Ey_t = u$,$u$ 为常数(对任意整数 $t$);

② 自协方差函数 $r_{ts} = \mathrm{cov}(y_t, Ey_s)$ 与 $t-s$ 为唯一相关,与起止时间($t$、$s$)不相关($r_{ts} = r_{t-s} = r_k$)。

简单的宽平稳序列是白噪声序列,白噪声定义:$E\varepsilon_s = 0$、$E\varepsilon_t^2 = \sigma^2$(对所有 $t$)、$E\varepsilon_t\varepsilon_s = 0$,$t \neq s$。

ARIMA 模型预测原理如下:

$$y_t = \varnothing_1 y_{t-1} + \varnothing_1 y_{t-2} + \cdots + \varnothing_p y_{t-p} + \varepsilon_t + \varphi_1\varepsilon_{t-1} + \cdots + \varphi_q\varepsilon_{t-q}$$

$$(7-5)$$

其中:$\varnothing_1$、$\varnothing_2$、$\cdots$、$\varnothing_p$ 表示满足平稳性条件的自回归系数,$\varepsilon_t$ 表示白噪声,$\varphi_1$、$\varphi_2$、$\cdots\varphi_q$ 表示滑动平均模型。

ARIMA 模型预测分析步骤如下:

（1）首先对时间序列进行不同阶差分，然后进行 ADF 检验（检测序列是否有单位根）。若时间序列平稳，则不存在单位根，否则存在单位根。根据 T 值检验其显著性，若呈现显著性（$p<0.05$ 或 0.01）则拒绝序列不平稳的原假设，说明时间序列是平稳的，若不呈现显著性则该时间序列不平稳。临界值 1%、5%、10% 表示不同程度拒绝原假设，ADF 的检测结果若小于 1%、5%、10% 也表示可较好拒绝原假设。

（2）分析差分前后数据，根据上下波动幅度判断是否平稳，对时间序列进行偏相关及偏自相关分析，根据截尾情况估算其 p、q 值。

（3）模型残差为白噪声，为检验其随机性，根据 $p$ 值对模型白噪声进行检验（$p>0.01$ 为白噪声，严格则需 $p>0.05$），也可以结合信息准则 AIC 和 BIC 值进行分析（越低越好），根据模型残差 ACF、PACF 图也可进行分析。

（4）根据参数得到模型公式，结合时间序列数据综合分析获得预测结果。

信息准则可以选择模型变量，应用 AIC 和 BIC 信息准则自动寻找最优参数确定 ARIMA 模型阶数，其中 AIC 和 BIC 值越低越好。具体步骤如下：

1）ADF 检验

对于 AR(p) 模型，若其特征方程存在特征根，那么可以判断时间序列非平稳，并且其自回归系数之和为 1。

2）自相关（ACF）与偏自相关（PACF）

相关分为自相关与偏自相关，自相关（ACF）也称序列相关，指一个数据与其自己不同时刻自身的相关程度，即不同时间数据相似度对它们时间差的函数。我们将时间序列的自相关系数称为自相关函数，所形成的图称为自相关图。

偏自相关（PACF）指某一变量受另一个变量的影响时，其他变量保持不变，单独考量两变量之间的相关程度。

3）信息准则

AIC 信息准则可以写作：

$$AIC = -2\log L + 2(p+q+k+1) \tag{7-6}$$

BIC 信息准则可以写作：

$$BIC = AIC + [\log L - 2](p+q+k+1) \tag{7-7}$$

其中，$L$ 是数据的似然函数，满足 $c \neq 0$ 时 $k=1$，$c=0$ 时 $k=0$。信息准则

只能用于选择优化训练模型时的滞后阶数($p$)和移动平均的阶数($q$)。

ARIMA 模型适用平稳序列，将监测数据导入 ARIMA 模型，根据 ADF 检验结果分析 T 值，若 $p<0.05$ 或 0.01 则监测序列平稳，GTP01 监测数据 ADF 检验如表 7-3。

表 7-3　GTP01 监测数据 ADF 检验表

| 变量 | 差分阶数 | $p$ | AIC | 临界值 | | |
|---|---|---|---|---|---|---|
| | | | | 1% | 5% | 10% |
| GTP01 监测数据 | 0 | 0.048 | −2 061.110 | −3.473 | −2.880 | −2.577 |
| | 1 | 0.034 | −2 046.069 | −3.473 | −2.880 | −2.577 |
| | 2 | 0.038 | −2 030.519 | −3.473 | −2.880 | −2.577 |

表中数据可用于判断时间序列平稳性，若 $p<0.05$ 或 0.01 则数据呈现显著性，该序列是平稳的时间序列。将临界值 1%、5%、10% 和结果进行比较，若同时小于对应数值即说明能较好拒绝原假设。AIC 值作为衡量模型拟合的标准，数值越小拟合越好，临界值是显著性水平对应的固定值。从表可以看出当进行了一次差分后，显著性 $p$ 值为 0.034，显著性满足拒绝原假设条件，此时序列平稳。原始数据差分一次后的时序图如图 7-8，最终差分数据自相关图如图 7-9，最终差分数据偏自相关图如图 7-10。

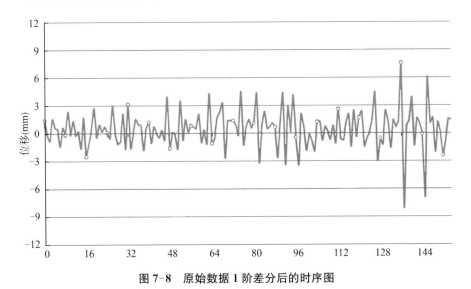

图 7-8　原始数据 1 阶差分后的时序图

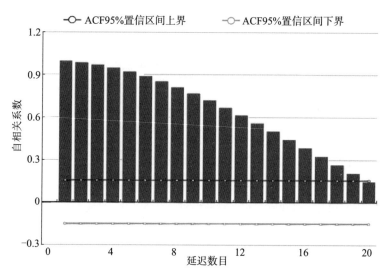

图 7-9　最终差分数据自相关图

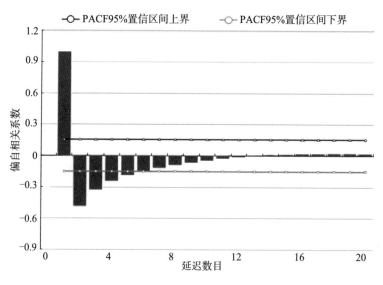

图 7-10　最终差分数据偏自相关图

根据自相关(ACF)图在 q 阶进行截尾,则 ARMA 模型可简化为 MA(q)模型。偏自相关(PACF)图在 p 阶进行截尾,则 ARMA 模型可简化为 AR(p)模型。在某阶截尾后,置信区间内系数将在 0 附近波动,拖尾是指在置信区间内系数在 0 附近始终有非零取值。由自相关与偏自相关图可分别确定最显著的阶数作为 p、q 值。模型残差自相关图如图 7-11,偏自相关图如图 7-12。

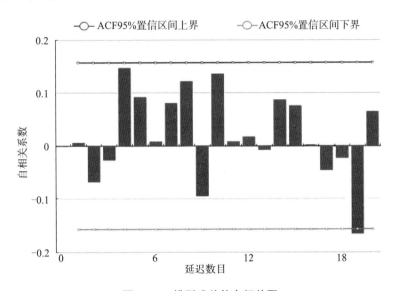

**图 7-11　模型残差偏自相关图**

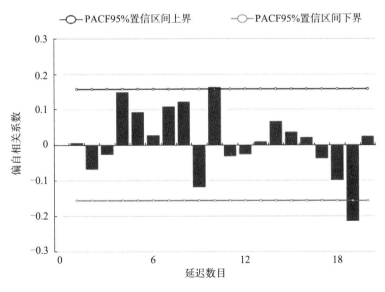

**图 7-12　模型残差偏自相关图**

图 7-11 为模型的残差自相关图（ACF），包括系数、置信上限和置信下限。横轴代表延迟数目，纵轴代表自相关系数。若相关系数均在虚线内，自回归模型残差为白噪声序列。

图 7-12 为模型的残差偏自相关图（PACF），包括系数，置信上限和置信下限。若相关系数均在虚线内，滑动平均模型残差为白噪声序列。具体预测步骤如下：

① 根据 GTP01 监测数据的散点图、自相关函数和偏自相关函数，对序列进行平稳性检验，一般来讲，倾倒变形体位移都为非平稳时间序列；

② 对监测数据系列进行平稳化处理，分析监测数据的自相关和偏自相关函数值。通过一阶差分得到平稳序列，进行最优参数寻找，得到时间序列模型结果为 ARIMA(3,1,5)。模型的拟合优度为 1，说明模型基本满足要求，表现优秀；

③ 根据自相关函数和偏相关函数，判断模型类型；

④ 进行参数估计及统计意义检验；

⑤ 进行白噪声检验，通过对时间序列趋势项位移进行一阶差分，使其转化为平稳时间序列，然后分析趋势项位移一阶差分的自相关函数和偏自相关函数，得到 ARIMA(3,1,5)模型公式：

$$y(t) = 0.275 - 2.857 \times y(t-2) + 0.934 \times y(t-3) + 0.867 \times$$
$$\varepsilon(t-1) + 0.259 \times \varepsilon(t-2) - 0.229 \times \varepsilon(t-3) + 0.056 \times \varepsilon(t-5)$$

$$(7-8)$$

选取 GTP01 监测点 2017 年 7 月 31 日至 2020 年 7 月 27 日的位移原始监测数据作为模型训练样本集，2019 年 8 月 3 日至 2020 年 12 月 7 日的原始监测数据作为模型验证集，对 GTP01 表面监测点 2020 年 12 月 7 日至 2021 年 12 月 27 日的位移数据进行预测，GTP01 监测点趋势项位移预测如图 7-13，GTP01 监测点趋势项位移预测数据如表 7-4。

表 7-4　ARIMA 模型监测点 GTP01 拟合预测数据

| 日期 | 实际值(mm) | 预测值(mm) | 偏差率 |
|---|---|---|---|
| 2020/08/03 | 56.3 | 56.3 | 0.00% |
| 2020/08/10 | 56.6 | 56.6 | 0.00% |
| … | … | … | … |

| 日期 | 实际值(mm) | 预测值(mm) | 偏差率 |
|---|---|---|---|
| 2020/11/30 | 59.5 | 59.8 | 0.46% |
| 2020/12/07 | 59.6 | 59.9 | 0.57% |
| 2020/12/14 | — | 60.1 | — |
| 2020/12/21 | — | 60.3 | — |
| 2020/12/28 | — | 60.4 | — |
| ... | | ... | |
| 2021/12/13 | — | 74.4 | — |
| 2021/12/20 | — | 74.6 | — |
| 2021/12/27 | — | 74.9 | — |

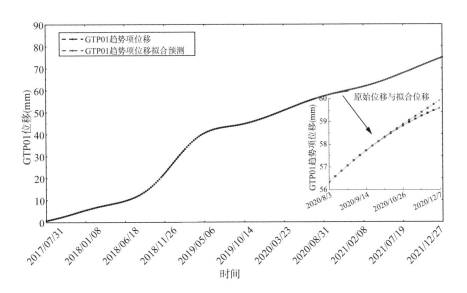

**图 7-13  ARIMA 模型 GTP01 监测点趋势项位移拟合预测曲线**

由表 7-4 可知,ARIMA 时间序列模型趋势项位移预测最大偏差率为 0.57%,最终预测趋势项位移为 74.9 mm,由图 7-13 可知随着时间的增长, ARIMA 模型预测精度呈下降趋势。

基于 ARIMA 模型对倾倒变形体监测点 GTP01 趋势项位移进行预测分析,可以得出以下结论:

(1) EMD 分解的趋势项位移应用 ARIMA 模型进行预测,预测位移与实际位移监测曲线趋势相符,位移方向基本沿着趋势项位移的增长趋势。

（2）随着预测时间的增加，ARIMA 模型预测精度呈下降趋势，模型预测最大偏差率为 0.57%，最终预测趋势位移为 74.9 mm。

长短期记忆网络模型（Long-Short Term Memory，LSTM）是一种改进的循环神经网络，适于分析预测存在较长延迟的时间序列。存储长期信息是其默认行为，解决了 RNN 不能处理长距离依赖的缺点。RNN 模型输出取决于权值、偏置和激活函数，每个时间片使用相同的参数。它只有一个简单的结构，其重复模块包含的隐含层只有一个状态。LSTM 是类似的结构，但重复模块中存在不同的结构，四个交互的层以特殊的形式进行交互，并增加一个状态 $c$ 保存长期状态，LSTM 网络模型图如图 7-14。

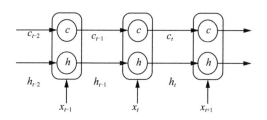

**图 7-14 LSTM 网络模型图**

$t$ 时刻时，LSTM 输入为：当前网络输入值 $x_t$、上一时刻的输出值 $h_{t-1}$ 和上一时刻的单元状态 $c_{t-1}$；LSTM 输出为：当前网络输出值 $h_t$ 和当前时刻的单元状态 $c_t$。LSTM 使用三个开关控制长期状态 $c$，在算法上引入了门机制，状态 $c$ 控制流程如图 7-15。

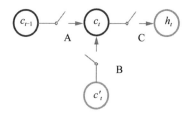

**图 7-15 状态 $c$ 控制流程图**

$c_{t-1}$ 表示上一个时刻的长期状态，$c_t$ 表示长期状态，$c'_t$ 表示当前的即时状态，$h_t$ 表示当前时刻的输出。图中共有 A、B 和 C 三个开关，A 开关是决定继续保存长期状态 $c$，B 开关是决定将即时状态输入到长期状态 $c$，C 开关是决定是否把长期状态 $c$ 作为当前状态输出。

门输出的是 0 到 1 之间的实数向量,算法上通过门的输出向量与需要控制的向量乘积控制门的通过。LSTM 共有三个门来控制通过与否,分别是输入门 $i_t$、遗忘门 $f_t$ 和输出门 $o_t$。$W$ 是门的权重矩阵,$b$ 是偏置项,门可表示为

$$g(x) = \sigma(Wx + b) \tag{7-9}$$

通过激活函数(Sigmoid),把输入 $[h_{t-1}, x_t]$ 调整为 $(0,1)$ 激活函数:

$$\sigma(x) = 1/(1 + e^{-x}) \tag{7-10}$$

此刻输入 $x_t$ 是否保留信息到单元状态 $c_t$ 由输入门 $i_t$ 控制,$W_i$ 为门权重矩阵,$b_i$ 为门偏置项,则输入门 $i_t$ 表示:

$$i_t = \sigma(W_i[h_{t-1}, x_t] + b_i) \tag{7-11}$$

上一时刻单元状态 $c_{t-1}$ 是否保留信息到此刻状态 $c_t$ 由遗忘门 $f_t$ 控制,$W_f$ 为门权重矩阵,$b_f$ 为门偏置项,则遗忘门 $f_t$ 表示:

$$f_t = \sigma(W_f[h_{t-1}, x_t] + b_f) \tag{7-12}$$

此刻状态 $c_t$ 是否保留信息到当前输出值 $h_t$ 由输出门 $o_t$ 控制,$W_o$ 为门权重矩阵,$b_o$ 为门偏置项,则输出门 $o_t$ 表示:

$$o_t = \sigma(W_o[h_{t-1}, x_t] + b_o) \tag{7-13}$$

三个门功能有所不同,但执行时操作是一样的,他们都通过 $\sigma$(sigmoid)函数和 tanh 函数进行选择变换,两者融合从而实现门的功能。

此刻输入单元状态 $\widetilde{c_t}$ 由上一时刻输出和此刻输入决定,$W_c$ 为门权重矩阵,$b_c$ 为门偏置项,则单元状态 $\widetilde{c_t}$ 为:

$$\widetilde{c_t} = \tanh(W_c[h_{t-1}, x_t] + b_c) \tag{7-14}$$

此刻的单元状态 $c_t$ 根据上述的输入门及遗忘门调整,单元状态 $c_t$ 为:

$$c_t = f_t \times c_{t-1} + i_t \times \widetilde{c_t} \tag{7-15}$$

模型最后输出 $h_t$ 取决于输出门及单元状态,最后输出 $h_t$ 为:

$$h_t = o_t \times \tanh(c_i) \tag{7-16}$$

LSTM 集合中的单元用于捕获并存储数据流,可以将多个时刻的信息保

留到当前时刻。其大量参数取值十分重要,需严格参数优化。一般做数据预测时,可将数据分为两大部分。第一部分是用于训练模型的监测数据,第二部分是用于检验和验证的监测数据。验证数据可以检验训练模型的正确性,验证数据不能用于模型训练,否则会产生过度拟合现象。具体可分为以下步骤进行:

① 获取监测仪器数据;

② 监测数据处理:根据数据进行处理,得到无趋势的输入输出轨迹数据;

③ 模型构建:通过优化预测结果与真实轨迹的误差,不断调整模型参数,优化网络结构,得到最终的预测模型;

④ 模型验证:把测试数据输入到训练好的模型中,并将预测的轨迹数据进行反差分、反归一化处理,得出预测结果;

⑤ 应用模型进行预测分析。

将库水位、降雨、气温和时间作为影响因素,将位移作为预测变量。选取GTP01 监测点 2017 年 7 月 31 日至 2020 年 7 月 27 日的原始监测数据作为模型训练样本集,2019 年 8 月 3 日至 2020 年 12 月 7 日原始监测数据作为模型验证集,对表面监测点 GTP01 位移 2020 年 12 月 7 日至 2021 年 12 月 27 日的数据进行预测。

使用 Keras 框架,以 TensorFlow 为后端,利用 Python 语言编写 LSTM 模型。采用网格搜索法进行参数寻优,设 GTP01 监测点位移预测模型为 3 层神经网络结构(前两层为 LSTM 层,每层包含 150 个神经单元,第三层为全连接 dense 层)。输入序列长度对模型的预测精度有重要影响,控制用于预测某时刻倾倒变形体位移的前期历史数据点的个数,采用网格搜索法优化确定最优输入序列长度为 12。结果表明所训练的 LSTM 模型拟合效果较好,GTP01 监测点周期项位移原始与拟合数据如图 7-16。

周期项位移的 LSTM 拟合效果较好,位移呈波动下降趋势,GTP01 监测点位移 LSTM 模型预测结果如图 7-17,GTP01 监测点 LSTM 模型预测数据如表 7-5。

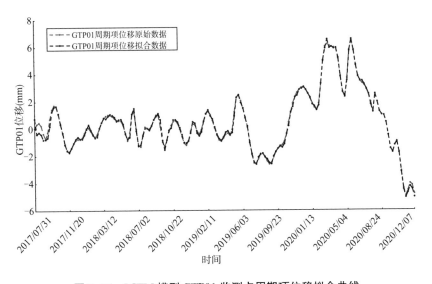

**图 7-16　LSTM 模型 GTP01 监测点周期项位移拟合曲线**

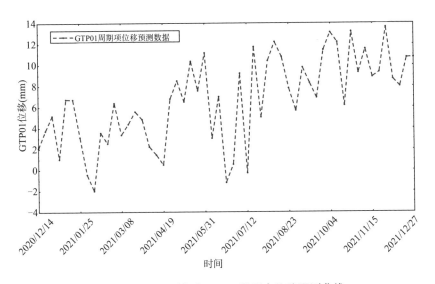

**图 7-17　LSTM 模型 GTP01 监测点位移预测曲线**

**表 7-5　LSTM 模型 GTP01 监测点周期项位移预测数据**

| 日期 | 实际值（mm） | 预测值（mm） | 偏差率 |
|---|---|---|---|
| 2020/08/03 | 2.55 | 2.55 | 0.01% |
| 2020/08/10 | 1.96 | 1.96 | 0.05% |
| ... | ... | ... | ... |

续表

| 日期 | 实际值（mm） | 预测值（mm） | 偏差率 |
|---|---|---|---|
| 2020/11/30 | −4.18 | −4.45 | 6.58％ |
| 2020/12/07 | −4.81 | −5.05 | 5.04％ |
| 2020/12/14 | — | 2.1 | — |
| 2020/12/21 | — | 3.7 | — |
| 2020/12/28 | — | 5.2 | — |
| ... | — | ... | — |
| 2021/12/13 | — | 8.0 | — |
| 2021/12/20 | — | 10.7 | — |
| 2021/12/27 | — | 10.7 | — |

　　基于 LSTM 模型对倾倒变形体 GTP01 监测点趋势项位移进行预测分析，预测位移呈波动趋势。

　　将监测点 GTP01 位移原始监测数据分为趋势项位移和周期项位移，累积总位移为 ARIMA 模型预测的趋势项位移与 LSTM 模型预测的周期项位移加和。组合模型位移预测最大偏差率为 6.46％，最终预测点位移为 64.2 mm，组合模型位移预测最大及整体偏差率小于循环神经网络预测模型。位移监测点 GTP01 组合模型预测位移如图 7-18，位移组合预测数据如表 7-6。监测点

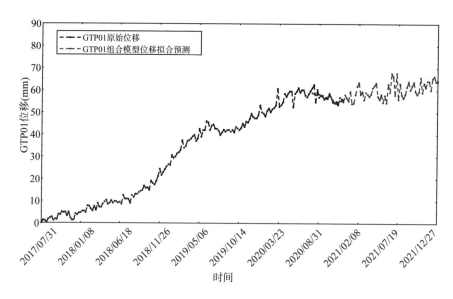

图 7-18　监测点 GTP01 组合模型位移预测曲线

GTP01 组合模型位移预测最大变化速率为 11.7 mm/week，监测点 GTP01 组合位移预测变化速率如图 7-19。

**表 7-6　监测点 GTP01 组合模型位移预测数据**

| 日期 | 实际值（mm） | 预测值（mm） | 偏差率 |
|---|---|---|---|
| 2020/08/03 | 61.1 | 58.9 | 3.58% |
| 2020/08/10 | 62.6 | 58.6 | 6.46% |
| ... | ... | ... | ... |
| 2020/11/30 | 56.1 | 55.3 | 1.47% |
| 2020/12/07 | 55.8 | 54.9 | 1.63% |
| 2020/12/14 | — | 58.0 | — |
| 2020/12/21 | — | 56.5 | — |
| 2020/12/28 | — | 55.3 | — |
| ... | | ... | |
| 2021/12/13 | — | 66.4 | — |
| 2021/12/20 | — | 63.9 | — |
| 2021/12/27 | — | 64.2 | — |

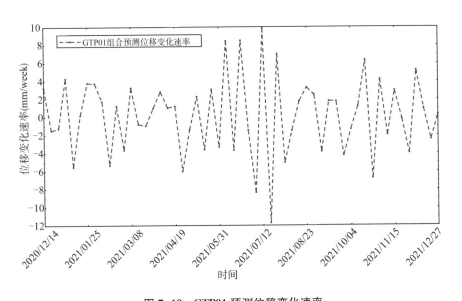

**图 7-19　GTP01 预测位移变化速率**

### 7.2.4　位移预测对比分析

应用 RNN 模型和 ARIMA 模型与 LSTM 组合模型，分别对倾倒变形体监测点 GTP01 位移进行预测。基于黄登水电站 1# 倾倒变形体实际监测资料，应用两种方法建模、分析时间序列并预测未来一年的位移，两种方法预测结果如图 7-20。

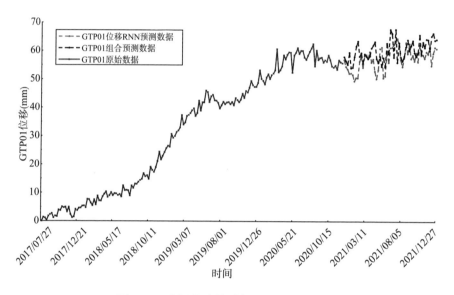

**图 7-20　表面位移监测点 GTP01 对比预测**

应用 RNN 模型进行位移预测最大偏差率为 9.22%，组合模型位移预测最大偏差率为 6.46%。ARIMA 与 LSTM 组合模型预测位移与 RNN 模型预测位移趋势相似，但组合模型位移预测最大及整体偏差率小于 RNN 模型位移预测。

RNN 预测模型表面 GTP01 监测点位移变化加速度如图 7-21，组合预测模型表面 GTP01 监测点位移变化加速度如图 7-22。由图 7-21 和图 7-22 可以看出，GTP01 预测位移变化加速度仍在不断改变，预测位移仍未收敛，需加强监测 1# 倾倒变形体位移。

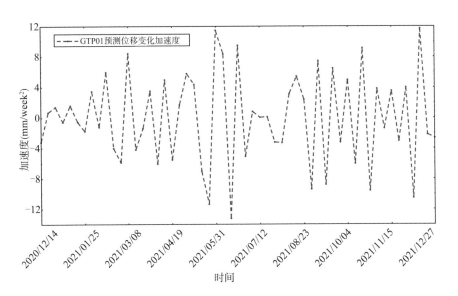

**图 7-21　RNN 模型监测点 GTP01 预测位移变化加速度**

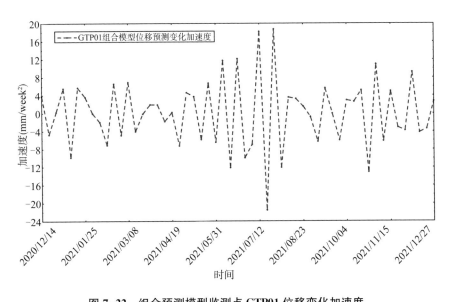

**图 7-22　组合预测模型监测点 GTP01 位移变化加速度**

# 第八章　倾倒变形体数据融合安全性评价

倾倒变形体安全性是水电工程中至关重要的一环,关系到水电站能否安全建设及有效运行。由于复杂的工程条件、不稳定的内部结构以及水动力作用等多种不确定性因素,倾倒变形体安全性评价成为了一个相当复杂的问题,其评价过程具有模糊性和随机性等特点。本章运用 D-S 证据和云模型理论,分别提出改进的 D-S 证据理论和复合云模型,对倾倒变形体进行安全评价并形成对比,实现了倾倒变形体安全性的综合评价。

# 8.1 D-S 证据理论安全性评价

为综合分析倾倒变形体多平台、多传感器等多源不确定性信息,提出改进的 D-S 证据理论对倾倒变形体进行安全评价。基于多源信息融合理论,结合现场实际监测信息,选取表面位移、深部位移、锚杆应力、渗压作为融合指标。针对传统 D-S 证据理论未考虑不同证据重要性差异及存在证据高度冲突时无法融合的缺陷,研究提出在数据级融合时采用熵值法进行客观赋权,在决策级融合时采用层次分析法(AHP)主观赋权,对证据进行加权融合评价,判定倾倒变形体稳定状态。

## 8.1.1 D-S 证据理论原理

D-S 证据理论即信任函数理论,证据理论已具有坚实的数学基础,且不需要先验概率。D-S 证据理论在处理模糊和不确定信息等方面优势明显,能将多个证据有效融合并可以得到精度较高的结果。

通过多源信息融合可对黄登水电站 1# 倾倒变形体进行安全性评价,首先获取倾倒变形体监测传感器数据,然后确定评价因素,进而建立隶属函数,根据隶属函数确定各因素的基本概率赋值,最后通过合成规则进行融合获得评价等级。

黄登水电站坝前 1# 倾倒变形体安全监测系统复杂,具有多平台、多传感器等多源随机信息,是典型的不确定性问题。单一监测指标对倾倒变形体安全状况评价存在很大的不确定性,且不同监测指标之间的影响也不确定,突出表现在对临界模糊状态的误判和预报时间的巨大误差。对倾倒变形体这一复杂的地质体而言,其信息具有很大的模糊性和不确定性,误报和误判的根源就是信息量不够或使用不充分。信息融合技术利用统计或现代数学方法在处理大量信息、目标识别、模糊控制、神经网络控制方面有突出的优势。

D-S证据理论目前在多传感器数据融合中已得到广泛运用，其基本思想是采用集合表示命题，利用基本概率分配函数、信任函数、似然函数及其相互之间的推理来进行目标识别。将D-S证据理论应用于多传感器的倾倒变形体安全评价，把得到的多个监测点的信息融合成一个高度综合的决策信息，可提高倾倒变形体安全稳定性分析、评价的准确度。

将黄登水电站坝前1#倾倒变形体表面位移、深部位移、锚杆应力、渗压作为融合指标，利用多源信息融合技术D-S证据理论评价倾倒变形体整体安全稳定性，D-S证据流程图如图8-1。

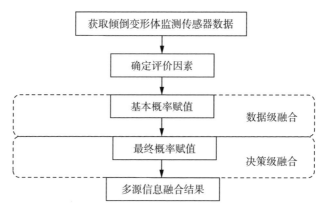

图 8-1　D-S 证据流程图

首先建立证据集，将所判定问题的所有可能答案组成一个集合，称为识别框架，可表示为$\{\theta = A_1, A_2, \cdots, A_n\}$，且集合中的所有元素彼此互斥。倾倒变形体安全是若干个因素相互耦合的结果，涉及因素众多且具有模糊和不确定性。在考虑多源信息融合理论的基础上，结合现场实际监测信息，选取表面位移、深部位移、锚杆应力、渗压作为多源信息因素，倾倒变形体稳定状态评价信息物元体系如图8-2。

根据国家标准和《水利水电工程边坡设计规范》(SL 386—2007)，可把岩石工程边坡稳定性分为5个等级，即很稳定、稳定、基本稳定、不稳定和很不稳定，它们分别对应Ⅰ区、Ⅱ区、Ⅲ区、Ⅳ区、Ⅴ区。根据相关文献、监测资料的总结与反馈、工程类比以及专家建议，可得到基于监测数据的边坡稳定性分类标准表8-1。

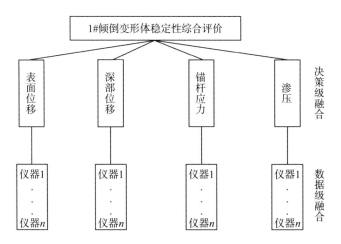

图 8-2　倾倒变形体稳定状态评价信息物元体系

表 8-1　基于监测数据边坡稳定性分级标准

| 边坡稳定级别 | 很稳定 | 稳定 | 基本稳定 | 不稳定 | 很不稳定 |
|---|---|---|---|---|---|
| | （Ⅰ区） | （Ⅱ区） | （Ⅲ区） | （Ⅳ区） | （Ⅴ区） |
| 表面位移速率(mm/month) | 0.00～0.50 | 0.50～2.00 | 2.00～8.00 | 8.00～20.00 | 20.00～40.00 |
| 深部位移速率(mm/month) | 0.00～0.10 | 0.10～0.20 | 0.20～1.00 | 1.00～3.00 | 3.00～10.00 |
| 锚杆应力变化(MPa/month) | 0.00～0.20 | 0.20～1.00 | 1.00～5.00 | 5.00～10.00 | 10.00～20.00 |
| 渗压变化(m/month) | 0.00～1.00 | 1.00～3.00 | 3.00～10.00 | 10.00～20.00 | 20.00～40.00 |

　　常见的基本概率赋值方法有三角形模糊数、梯形模糊数和高斯型模糊数。本书选取三角形模糊数进行基本概率赋值，其隶属函数表示为：

$$u_A(x) = \begin{cases} 0, x < a \\ \dfrac{x-a}{b-a}, a \leqslant x \leqslant b \\ \dfrac{c-x}{c-b}, b \leqslant x \leqslant c \\ 0, x > c \end{cases} \tag{8-1}$$

式中，$u_A(x)$ 为隶属函数值，$a$、$b$、$c$ 分别为区间分界值。设系统一辨识框架为 $\{U = \theta_1, \theta_2, \cdots, \theta_n\}$，焦元 $\theta_i$ 可用 $a_i \pm l_i$ 或三角形模糊数表示，则基本概率分配函数循环构造如下：

（1）分配给第 $i$ 个单元的隶属函数为：

$$\mu_R A_{ti}(x) = \begin{cases} 1 - \dfrac{|x-a_i|}{l_i}, & |x-a_i| < l_i \\ 0, & |x-a_i| > l_i \end{cases} \qquad (8\text{-}2)$$

（2）令 $\omega = \max\limits_{i=1,\cdots,n}$，则分配给全集的循环 $A$ 为 $1-\omega$。

（3）对全集的循环 $A$ 和各焦元的循环 $A$ 进行归一化处理，得到最终的基本概率。

设 $m_1$ 和 $m_2$ 是 $2^U$ 上的两个相互独立的基本概率分配，证据理论组合规则如下：

$$m(C) = \begin{cases} \dfrac{\sum\limits_{i=j,A_i \cap B_j \neq \varnothing} m_1(A_i)m_2(B_j)}{1-K}, & \forall C \subset U, C \neq \varnothing \\ 0, & C = \varnothing \end{cases} \qquad (8\text{-}3)$$

式中，$K$ 一般被称为规范化因子，它的大小表示着证据之间的不相容程度，$K$ 值越大则证据之间越不相容。通过组合生成的新的证据后，就可以进一步根据公式计算得到对应的信度函数、似真函数与信任函数，并且可以计算得到信息的信任区间。当 $K=1$ 时分母为零导致组合规则失效，这是因为此时各个证据完全不相容，即得出的结论完全不同且相互不支持。一般来说 $K = \sum\limits_{i=j,A_i \cap B_j \neq \varnothing} m_1(A_i)m_2(B_j) < 1$，若 $K \neq 1$，则 $m$ 确定一个基本概率分配；若 $K=1$，则认为 $m_1$ 和 $m_2$ 矛盾，两者不能融合。对于多个证据的组合，可以采用 Dempster 组合规则对证据两两融合，多个证据在两两融合时满足交换律，即最后结果与证据融合的先后顺序无关。传统融合规则的融合结果鲁棒性差，即基本概率赋值产生微小变化对融合结果会有较大的影响。

## 8.1.2 改进的 D-S 证据理论

针对 D-S 证据组合规则融合明显冲突证据时可能会得出与事实相反结论的缺陷，一部分学者认为证据组合合成的规则不存在错误，出现相悖结果的原因在于不完善的证据，因此应该改进处理证据。还有很多学者将相悖的结果归咎于 D-S 证据组合规则不合理，需改进 D-S 证据的组合规则从而应对冲突证据。

D-S 证据组合规则无法对冲突程度较大的证据进行有效融合,一种方法是修改模型本身即证据源,对冲突证据进行预处理,依据一定的规则对信度函数值进行调整。另一种是对 D-S 证据组合规则的融合算法进行修改以适应证据高度冲突的情况,即如何处理冲突信息和以什么比例分配冲突信息。Yager 对于冲突信息,将其全部分配给融合之后的未知部分,改进后的合成公式弱化了冲突证据,使融合评价结果与实际更相符。

Yager 方法是融合规则的改进,由于传统 D-S 证据理论对冲突和分歧信息无法做出合理正确抉择,Yager 通过将这部分信息全部分配给融合后的未知集合 $m(U)$,改进融合方法,如公式所示。

$$\begin{cases} m_i(A) = \sum_{A_i \cap B_j = A} m_1(A_i)m_2(B_j), A \neq \varnothing, A \neq X \\ m_i(X) = \sum_{A_i \cap B_j = X} m_1(A_i)m_2(B_j) + k \\ m_i(U) = 0 \end{cases} \quad (8-4)$$

式中 $X$ 为空集,$K = \sum_{A_i \cap B_j = \varnothing} m_1(A_i)m_2(B_j)$,Yager 改进公式是去掉了 D-S 证据理论中的正则化步骤,省去融合公式中归一化因子,将处理冲突和分歧信息用冲突系数 $K$ 分配给融合后的未知集合 $m(U)$。当融合证据中不存在冲突时,Yager 改进方法与传统 D-S 证据理论方法融合结果相同。该方法融合结果避免了违背常理的判断,但该改进公式不满足结合律且仍存在"一票否决"的现象。

通过采用熵值法和 AHP 法在客观和主观上分别赋权改进 D-S 证据理论评价方法,改进之后的评价方法所获得结果更接近真实的倾倒变形体安全状态。在数据级采用熵值法赋权,根据各项指标的变异程度来确定指标的权数,避免了人为因素。相对主观赋权来说,熵值法客观精度较高,但它没有考虑监测指标本身重要程度。熵值法完全在数学规律上计算权重,没有从主观角度考虑。在决策级应用 AHP 法赋权,从主观角度考虑相应指标不同比重。通过客观和主观赋权对证据进行融合评价,获得更准确可信的评价结果。

改进方法在数据级采用熵值法赋权,在决策级采用 AHP 法赋权,改进的 D-S 证据流程图如图 8-3。

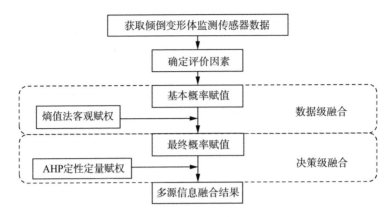

**图 8-3  改进的 D-S 证据流程图**

熵值法是根据各项指标的变异程度来确定指标权数，它取决于数据自己的离散性。这是一种客观赋权法，避免了人为因素带来的偏差。相对主观赋权来说，熵值法客观精度较高，因为基于原始数据赋权，所以能够直观地解释计算的权重。

对同一监测点含多组监测数据的监测项目，同监测点数据间可采用熵值法计算权重进行赋权。熵值法依赖于数据本身的离散性，包含的信息量越大熵就越小，包含的信息量越小熵就越大。监测指标的离散程度反映熵的大小，即监测指标的权重大小。

由于监测指标计量单位不同，因此计算前先进行归一化处理，即把指标的绝对值转化为相对值，从而将异质指标同质化。对于正负向指标，采用不同的归一化处理方法。

正向指标：

$$x'_{ij} = \frac{x_{ij} - \min(x_{1j}, \cdots, x_{nj})}{\max(x_{1j}, \cdots, x_{nj}) - \min(x_{1j}, \cdots, x_{nj})} \tag{8-5}$$

负向指标：

$$x'_{ij} = \frac{\max(x_{1j}, \cdots, x_{nj}) - x_{ij}}{\max(x_{1j}, \cdots, x_{nj}) - \min(x_{1j}, \cdots, x_{nj})} \tag{8-6}$$

计算第 $j$ 项指标的信息熵：

$$e_j = -k \sum_{i=1}^{n} p_{ij} \ln(p_{ij}), i \text{、} j = 1, 2, 3 \cdots, n \tag{8-7}$$

式中，$k=1/\ln(n)>0$，$p_{ij}=\dfrac{x_{ij}}{\sum\limits_{i=1}^{n}x_{ij}}$，如果 $p_{ij}=0$，则定义 $\lim\limits_{p_{ij}\to 0}p_{ij}\ln(p_{ij})=0$。

计算各项监测指标权重：

$$\omega_i=\frac{1-e_j}{k-\sum\limits_{j=1}^{n}e_j}, i、j=1,2,3\cdots,n \tag{8-8}$$

层次分析法（AHP）是基于专家估计比较每两个影响因子之间关系的方法，对指标进行定性和定量分析决策。运用层次分析法赋权，首先建立层次结构模型，然后对每一层次中各因素重要性进行比较，引入合适的标度用数值表示出来，按两两比较结果构成判断矩阵 $\boldsymbol{A}=(a_{ij})_{n\times n}$，判断矩阵元素标度如表 8-2。

表 8-2　比例标度表

| 指标 $i$ 比指标 $j$ | 同等重要 | 稍微重要 | 较强重要 | 强烈重要 | 极端重要 | 两相邻判断的中间值 |
|---|---|---|---|---|---|---|
| 量化值 | 1 | 3 | 5 | 7 | 9 | 2,4,6,8 |

计算判断矩阵最大特征根 $\lambda_{\max}$ 及其对应的特征向量，经归一化获得所求特征向量 $\boldsymbol{v}$。为保证该判断矩阵得到的权重向量的科学性，需进行一致性检验，定义一致性指标为：

$$CI=\frac{l-n}{n-1} \tag{8-9}$$

式中，$CI=0$，有完全的一致性；$CI$ 接近于 0，有满意的一致性；$CI$ 越大，不一致越严重。为衡量 $CI$ 的大小，引入随机一致性指标 $RI$：

$$RI=\frac{CI_1+CI_2+\cdots+CI_n}{n-1} \tag{8-10}$$

考虑到一致性的偏离可能是由于随机原因造成的，因此在检验判断矩阵是否具有满意的一致性时，还需将 $CI$ 和随机一致性指标 $RI$ 进行比较，得出检验系数 $CR$：

$$CR=\frac{CI}{CR} \tag{8-11}$$

一般，如果 $CR<0.1$，则认为该判断矩阵通过一致性检验，否则就不具有

满意一致性。根据相关文献、监测资料的总结与反馈、工程类比以及专家建议，获得各监测指标层次分析表如表8-3。

表8-3　各监测指标层次分析表

|  | 深部位移 | 表面位移 | 锚杆应力 | 渗压 |
|---|---|---|---|---|
| 深部位移 | 1 | 9/8 | 9/7 | 3/2 |
| 表面位移 | 8/9 | 1 | 8/7 | 4/3 |
| 锚杆应力 | 7/9 | 7/8 | 1 | 7/6 |
| 渗压 | 2/3 | 3/4 | 6/7 | 1 |

通过计算各证据和指标权重，基于证据权重改进基本概率赋值分配，调整后的基本概率分配为：

$$\begin{cases} m_i{}'(A) = \omega_i m_i(A) \\ m_i{}'(U) = 1 - \sum_{i=j, A_i \cap B_j \neq \varnothing} m_i{}'(A) \end{cases} \tag{8-12}$$

$\omega_i$ 作为 $m_i$ 的权重，在融合时采用熵值法和 AHP 法赋权，将部分不确定信息归入未知部分，可以弱化分歧或冲突较大的证据，最后将调整后的基本概率分配进行合成，得到改进后的融合结果。

### 8.1.3　安全评价分析

倾倒变形体安全评价综合决策要处理的信息大都是不精确的、不完备的、模糊的，甚至是相互矛盾的，具有不确定性。为了有效地进行分析和决策，需要用形式化的方法来描述这些不确定性信息，并进一步探讨不确定性推理的方法。不确定性推理一般不强求逻辑上的完备性，只是对不确定性信息在误差允许的范围内做出近似推理判断，虽然推理不一定能得到最佳的决策结果，但一般能给出专家级决策结果，基本满足应用要求。

D-S证据组合规则是对各个证据的基本概率分配的 BPA 进行融合，但如何确定各个证据的 BPA 仍然是一个有待解决的问题。确定 BPA 的方法没有固定的模式，常用的有利用人工神经网络和专家打分法来构造基本概率分配函数，神经网络需要大量样本进行学习训练，最后利用其泛化能力，起到领域专家的作用。有时也可根据实际应用情况来设计获得 BPA 的方法。针对黄登水电站 1# 倾倒变形体安全评价，可基于模糊数学的方法构造 BPA。

根据边坡稳定性分级标准，设置边坡稳定性的辨识框架为 $U=\{$很稳定，稳定，基本稳定，不稳定，很不稳定$\}$。对黄登水电站 1# 倾倒变形体进行基于监测数据的整体稳定性综合评价，具体可进行两级融合评价。第一级融合为从单个监测仪器到该类型仪器的数据级融合，第二级融合为各种不同监测仪器到倾倒变形体整体稳定性的决策级融合。在数据级融合中，可将每支仪器看作是该类型仪器所反映倾倒变形体稳定性的一个证据，多支仪器融合得到该类型仪器的综合证据。在决策级融合中，可将由数据级融合得到的不同类型仪器的综合证据，看作是反映倾倒变形体稳定性的一个证据，对数据级融合结果进行再融合，最后得到反映倾倒变形体整体稳定性的综合评价结果。

1# 倾倒变形体安全监测仪器数量较多，在数据级融合中可根据仪器的布置位置和监测成果的好坏选取有代表性的仪器进行融合。为监测蓄水后黄登水电站坝前 1# 倾倒变形体发育情况，采用 9 个表面位移监测点 GTP01～09 进行表面位移监测，4 套深部位移监测点 M01～04 进行深层位移监测，4 套锚杆应力计 RA01～04 进行锚杆应力监测，4 套渗压计 P01～04 进行渗压监测。

GNSS 位移计选取 GTP01～GTP04、GTP06～GTP08；深部多点位移计选取 M02～M04；锚杆应力计选取 RA01、RA02、RA04；锚索测力计选取 P04。对选取各监测点，提取各仪器监测指标数据，如表 8-4～表 8-7 所示。

**表 8-4　进行融合的 GNSS 表面位移速率数据**

| 表面位移计编号 | GTP01 | GTP02 | GTP03 | GTP04 |
|---|---|---|---|---|
| 位移速率(mm/month) | 0.32 | 3.72 | 1.61 | 3.28 |
| 表面位移计编号 | GTP06 | GTP07 | GTP08 | |
| 位移速率(mm/month) | 3.86 | 2.74 | 1.55 | |

**表 8-5　进行融合的多点深部位移速率数据**

| 多点位移计编号 | M02 | M03 | M04 |
|---|---|---|---|
| 位移速率(mm/month) | 0.43 | 0.13 | 0.12 |

**表 8-6　进行融合的锚杆应力计变化数据**

| 锚杆应力计编号 | RA01 | RA02 | RA04 |
|---|---|---|---|
| 应力计变化速率（MPa/month） | 3.19 | 3.64 | 1.83 |

**表 8-7　进行融合的渗压计监测数据**

| 渗压计编号 | P04 |
|---|---|
| 渗压计变化速率(m/month) | 9.22 |

对表 8-4~表 8-7 各仪器监测指标数据,由倾倒变形体稳定性分级标准,计算各监测指标的 BPA,并将各辨识目标的 BPA 归一化,得到最终的基本概率分配结果如表 8-8。

**表 8-8　倾倒变形体表面位移速率融合基本概率计算表**

| 仪器编号 | $m$(很稳定) | $m$(稳定) | $m$(基本稳定) | $m$(不稳定) | $m$(很不稳定) | $m(U)$ |
|---|---|---|---|---|---|---|
| GTP01 | 0.720 | 0 | 0 | 0 | 0 | 0.280 |
| GTP02 | 0 | 0 | 0.573 | 0 | 0 | 0.427 |
| GTP03 | 0 | 0.520 | 0 | 0 | 0 | 0.480 |
| GTP04 | 0 | 0 | 0.427 | 0 | 0 | 0.573 |
| GTP06 | 0 | 0 | 0 | 0.620 | 0 | 0.380 |
| GTP07 | 0 | 0 | 0.247 | 0 | 0 | 0.753 |
| GTP08 | 0 | 0 | 0.600 | 0 | 0 | 0.400 |
| M02 | 0 | 0.600 | 0 | 0 | 0 | 0.400 |
| M03 | 0 | 0 | 0.875 | 0 | 0 | 0.125 |
| M04 | 0 | 0.400 | 0 | 0 | 0 | 0.600 |
| RA01 | 0 | 0 | 0.905 | 0 | 0 | 0.095 |
| RA02 | 0 | 0 | 0.680 | 0 | 0 | 0.320 |
| RA04 | 0 | 0 | 0.415 | 0 | 0 | 0.585 |
| P04 | 0 | 0 | 0.223 | 0 | 0 | 0.777 |

对同一监测点含多组监测数据的监测项目,采用熵值法计算权重。计算各指标权重,熵值法权重系数结果如表 8-9。

**表 8-9　熵值法权重系数表**

| 监测仪器 | GTP01 | GTP02 | GTP03 | GTP04 | GTP06 | GTP07 | GTP08 |
|---|---|---|---|---|---|---|---|
| 信息熵值 $e$ | 0.992 | 0.992 | 0.989 | 0.978 | 0.995 | 0.990 | 0.992 |
| 权重系数 $w$ | 0.139 | 0.139 | 0.151 | 0.150 | 0.127 | 0.156 | 0.139 |
| 监测仪器 | M02 | M03 | M04 | RA01 | RA02 | RA04 | P04 |
| 信息熵值 $e$ | 0.968 | 0.865 | 0.995 | 0.987 | 0.993 | 0.992 | — |
| 权重系数 $w$ | 0.186 | 0.785 | 0.029 | 0.459 | 0.253 | 0.288 | 1 |

以倾倒变形体安全评价作为目标层,选取监测指标作为准则层,将表面位移、深部位移、锚杆应力和渗压作为因素层,AHP层次分析结果如表8-10。

表8-10　AHP层次分析结果

| 各类仪器 | 特征向量 | 权重值 | 最大特征根 | CI值 | RI值 | CR值 |
|---|---|---|---|---|---|---|
| 表面位移 | 1.234 | 0.303 | | | | |
| 深部位移 | 1.110 | 0.273 | 4.000 | 0 | 0.890 | 0 |
| 锚杆应力 | 0.987 | 0.242 | | | | |
| 渗压 | 0.740 | 0.182 | | | | |

首先在同种类型仪器内部进行融合,如对GTP06、GTP07进行融合,根据Dempster组合公式计算$K$值,$K=0.081<1$。根据Dempster组合公式,对各监测仪器的基本概率分配分别进行融合,表面位移速率GTP06和GTP07融合的基本概率计算如表8-11。

表8-11　表面位移速率GTP06和GTP07融合的基本概率计算表

| GTP07 | GTP06 | $m$（很稳定） | $m$（稳定） | $m$（基本稳定） | $m$（不稳定） | $m$（很不稳定） | $m(U)$ |
|---|---|---|---|---|---|---|---|
| $m$（很稳定） | | 0 | 0 | 0 | 0 | 0 | 0 |
| $m$（稳定） | | 0 | 0 | 0 | 0 | 0 | 0 |
| $m$（基本稳定） | — | 0 | 0 | 0 | 0.081 | 0 | 0.514 |
| $m$（不稳定） | | 0 | 0 | 0 | 0 | 0 | 0 |
| $m$（很不稳定） | | 0 | 0 | 0 | 0 | 0 | 0 |
| $m(U)$ | | 0 | 0 | 0 | 0.055 | 0 | 0.350 |

根据组合公式对表8-11中概率进行组合,得到基本概率分配如表8-12。

表8-12　表面位移速率GTP06和GTP07融合结果基本概率计算表

| 监测融合仪器 | $m$（很稳定） | $m$（稳定） | $m$（基本稳定） | $m$（不稳定） | $m$（很不稳定） | $m(U)$ |
|---|---|---|---|---|---|---|
| GTP06、GTP07 | 0 | 0 | 0.559 | 0.060 | 0 | 0.381 |

将该融合结果再与其他表面位移计进行融合,直到所有表面位移计融合为一条证据。同理,对于其他类型仪器也可按上述步骤依次进行融合,最终得到各仪器的数据级融合结果,融合结果如表8-13所示。

表 8-13    多种监测设备融合结果基本概率计算表

|  | $m$(很稳定) | $m$(稳定) | $m$(基本稳定) | $m$(不稳定) | $m$(很不稳定) | $m(U)$ |
|---|---|---|---|---|---|---|
| 表面位移 | 0 | 0 | 0.877 | 0 | 0.017 | 0.107 |
| 深部位移 | 0 | 0.279 | 0.575 | 0 | 0 | 0.146 |
| 锚杆应力计 | 0 | 0 | 0.960 | 0 | 0 | 0.040 |
| 锚索测力计 | 0 | 0 | 0.826 | 0 | 0 | 0.174 |

将表中得到的每一种仪器对辨识目标的综合 BPA 视为一条新的证据,根据 Dempster 组合公式进行再融合,得到最终融合结果如表 8-14。

表 8-14    最终融合基本概率计算表

|  | $m$(很稳定) | $m$(稳定) | $m$(基本稳定) | $m$(不稳定) | $m$(很不稳定) | $m(U)$ |
|---|---|---|---|---|---|---|
| D-S 证据理论 | 0.002 | 0.398 | 0.595 | 0 | 0 | 0.005 |
| Yager 改进证据 | 0 | 0.256 | 0.538 | 0.171 | 0 | 0.035 |
| 改进证据理论 | 0 | 0.137 | 0.788 | 0.038 | 0.012 | 0.025 |

对最后融合结果基于最大属性原则,传统 D-S 证据理论判定倾倒变形体基本稳定概率为 0.595,Yager 改进证据理论判定倾倒变形体基本稳定概率为 0.538,改进证据理论判定倾倒变形体基本稳定概率为 0.788。改进方法将证据结果更集中,获得的合成结果在抗干扰性和收敛性方面均表现出明显的优势。

## 8.2    复合云模型多层次安全评价

由于复杂的工程条件、不稳定的内部结构以及水动力作用等多种不确定性因素,使倾倒变形体安全性评价成为了一个相当复杂的问题,其评价过程具有模糊性和随机性等特点。云模型理论可实现定量数值与定性概念转换,用云模型的数字特征可较好地表示倾倒变形体不确定性信息。将复合云模型运用到倾倒变形体综合评价中,利用 DEMATEL-CRITIC 组合赋权改进复合云模型,以充分体现评价指标的不同影响。基于安全监测及观测资料,建立倾倒变形体安全综合评价体系;对评价指标进行分层,利用逆向云发生器将底端评价指标进行云化,运用不同的虚拟云计算各层次指标的期望、熵和超熵,进而计算得到倾倒变形体安全性综合数字特征,实现对倾倒变形体安全性的综合评价。

### 8.2.1 云模型理论

云模型是根据特定的结构算法实现转换定性概念与定量数值的模型。1995年,李德毅等[19]首次提出了云模型研究不确定性信息,反映人类知识中概念或客观世界中事物的模糊性和随机性,构成定性与定量的相互映射。

给定定量论域$U$,设$G$是$U$上的定性概念,若定量值$x \in U$,且$x$是$G$上的一次随机实现,设$\mu(x) \in [0,1]$是$x$对$G$的确定度且满足

$$\mu:U \to [0,1] \quad \forall x \in U \quad x \to \mu(x) \tag{8-13}$$

则$x$在论域$U$上的分布称之为云,每一个$x$代表一个云滴,云滴是定性概念的定量描述。

云模型用三个数字特征表示:期望值$Ex$(Expected Value)、熵$En$(Entropy)和超熵$He$(Hyper Entropy),即$(Ex, En, He)$(图8-4)。$Ex$是对定性概念基本信息的度量,也是论域的中心值;$En$是反映定性概念的不确定性,体现了概念的随机性和模糊性;$He$为熵$En$的熵,是$En$的不确定性的度量,是云滴厚度的间接反映。

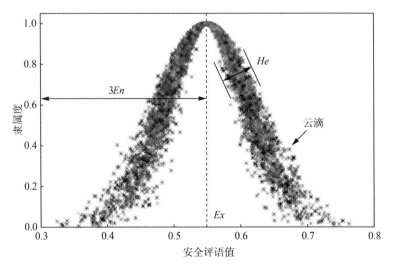

**图8-4　云模型及其数字特征**

云模型是云理论的具体实现方法,它是云运算、云预测、云聚类等各种云方法的基础。云发生器是云模型实现定性和定量转换的基础算法,按功能可分为正向云发生器和逆向云发生器。

正向云发生器(Forward Cloud Generator,FCG),实现定性概念向定量数值的转化,从自然语言表达的定性信息中获取定量数据的范围和分布规律。给定云模型的数字特征$(Ex,En,He)$,产生若干二维点——云滴$drop(x_i,\mu_i)$,$i=1,2,\cdots,n$。若$x \sim U(Ex,En'^2)$,$En' \sim N(Ex,He^2)$,$x$对$G$的确定度$\mu(x) \in [0,1]$满足

$$\mu(x) = e^{-\frac{(x-Ex)^2}{2(En')^2}} \tag{8-14}$$

则称$x$在$U$上的分布为正态云。正向云发生器$(Ex,En,He)$的具体算法如下。

输入:数字特征$(Ex,En,He)$以及云滴数$n$。

①生成以$En$为期望值,$He$为标准差的一个正态随机数$En'$;

②生成以$Ex$为期望值,$En'$为标准差的正态随机数$x$;

③ 令$x$为定性概念的一次具体量化值,称为云滴;

④计算$y = e^{-\frac{(x-Ex)^2}{2(En')^2}}$;

⑤令$y$为$x$属于定性概念的确定度;

⑥$|x,y|$完整地反映了这一次定性定量转换的全部内容;

⑦ 重复①~⑥直到产生$N$个云滴为止。

输出:$n$个云滴的定量值及每个云滴的确定度,$drop(x_i,\mu_i)$,$i=1,2,\cdots,n$。

当获取正向云的数字特征$(Ex,En,He)$后,若在指定的条件$x=x_0$或$y=y_0$下,其条件发生器分别称为$X$条件云发生器和$Y$条件云发生器。

逆向云发生器(Backward Cloud Generator,BCG),实现定量数值向定性概念的转化,输入服从一定分布的云滴可得到一组定性概念的数字特征。逆向云发生器可分为有确定度和无确定度两种算法,下面对有确定度和无确定度的逆向发生器具体求解过程进行分析。

(1) 有确定度的逆向云发生器的具体算法如下。

输入:$n$个云滴的定量值及每个云滴的确定度$(x,y)$。

① 以 $\hat{Ex} = \dfrac{1}{n}\sum\limits_{i=1}^{n} x_i$ 作为 $Ex$ 的估计值；

② 将 $y > 0.999$ 的点剔除剩下 $m$ 个云滴；

③ 由 $En' = \dfrac{|x - \hat{Ex}|}{-\sqrt{2\ln y}}$，求出 $En'$；

④ 根据 $\hat{En} = \dfrac{1}{m}\sum\limits_{i=1}^{m} En_i'$，求出 $En$ 的估计值 $\hat{En}$；

⑤ 根据 $\hat{He} = \sqrt{\dfrac{1}{m-1}\sum\limits_{i=1}^{m}(En_i' - \hat{En})^2}$ 求出 $He$ 的估计值 $\hat{He}$。

输出：云模型数字特征，期望 $Ex$，熵 $En$ 和超熵 $He$。

（2）无确定度的逆向云发生器的具体算法如下。

输入：数据样本 $\{x_i \mid i = 1, 2, \cdots, n\}$。

① 计算 $x_i$ 的平均值 $\bar{x} = \dfrac{1}{n}\sum\limits_{i=1}^{n} x_i$，得 $Ex = \bar{x}$；

② 计算 $x_i$ 的熵 $En = \sqrt{\dfrac{\pi}{2}} \times \dfrac{1}{n}\sum\limits_{i=1}^{n}|x_i - \bar{x}|$；

③ 计算方差 $S^2 = \dfrac{1}{n-1}\sum\limits_{i=1}^{n}(x_i - \bar{x})^2$；

④ 求得超熵 $He = \sqrt{S^2 - En^2}$。

输出：数据样本的期望 $Ex$，熵 $En$ 和超熵 $He$。

在无确定度情况下计算云滴的样本的超熵时，数据样本应满足方差绝对值大于熵的绝对值，即 $S^2 - En^2 \geqslant 0$。若差值为零，得到的超熵为虚数，没有任何实际意义，传统的常规无确定度逆向云算法不再适用。鉴于此，2012 年王国胤等[20]对无确定度逆向云模型算法进行改进，提出了一种新的无确定度逆向云算法。该算法核心是对数据样本采样分组，根据各组数据的标准差估计值实现其他参数的估计，最后根据公式求出 $En$ 与 $He$ 的估计值。

云模型依据云计划准则可分为一维云、多维云、混合云和虚拟云。虚拟云是基于某种应用目的，计算每个基础云的数字特征，并将其结果用于构造新云[21]。对于一个语言变量，如有 $n$ 个基云，基云可定义为 $K_1(Ex_1, En_1, He_1)$，$K_2(Ex_2, En_2, He_2)$，$\cdots$，$K_n(Ex_n, En_n, He_n)$，各基云通过逻辑计算可构成新云即虚拟云 $K(Ex, En, He)$。根据对数字特征计算方法的不同，虚拟云又可分为浮动云和综合云。浮动云用来解决论域空间内的概念稀疏问题及知识的表达和归纳问题,综合云是将两个及两个以上的基云综合为一个更广义的云,常用于概念的升级[22]。

浮动云在基云数字特征的前提下,根据线性假设生成新云。设基云 $K_1(Ex_1,En_1,He_1)$ 和 $K_2(Ex_2,En_2,He_2)$,且 $Ex_1 < Ex_2$,则 $Ex=u[u \in (Ex_1,Ex_2)]$ 的浮动云数字特征计算:

$$\begin{cases} Ex=u \\ En=\dfrac{Ex_2-u}{Ex_2-Ex_1} \times En_1 + \dfrac{u-Ex_1}{Ex_2-Ex_1} \times En_2 \\ He=\dfrac{Ex_2-u}{Ex_2-Ex_1} \times He_1 + \dfrac{u-Ex_1}{Ex_2-Ex_1} \times He_2 \end{cases} \quad (8-15)$$

综合云将两个或多个基云的数字特征进行综合,假设有 $n$ 个基云 $K_1(Ex_1,En_1,He_1)$,$K_2(Ex_2,En_2,He_2)$,$\cdots$,$K_n(Ex_n,En_n,He_n)$,则由 $K_1$,$K_2$,$\cdots$,$K_n$ 生成的综合云 $K$ 覆盖了所有的论域空间。综合云 $K$ 的数字特征的计算:

$$\begin{cases} Ex=\dfrac{Ex_1 \times En_1 + \cdots + Ex_n \times En_n}{En_1 + \cdots + En_n} \\ En=En_1+En_2+En_3+\cdots+En_n \\ He=\dfrac{He_1 \times En_1 + \cdots + He_n \times En_n}{En_1 + \cdots + En_n} \end{cases} \quad (8-16)$$

## 8.2.2　DEMATEL-CRITIC 组合赋权

权重是用以权衡评价体现各指标的相对重要程度,是建立评价方法的重要环节。目前,确定权重的方法分为主观赋权法和客观赋权法。主观赋权法依据专家自身经验确定评价指标的重要性,常用的有德尔菲法[23]、序关系分析法(G1-法)[24]、层次分析法(AHP)[25]等。客观赋权法是通过比较各评价指标的数据信息量确定指标权重,主要有信息熵法[26]、灰色关联分析法[27]、主成分分析法等。主观赋权法依照专家经验确定权重系数,受人为因素影响不能反映指标的数据信息;客观赋权法完全依赖于数据信息量确定权重,容易与实际脱节。因此,在倾倒变形体安全评价工作中,为保证权重的相对客观科学性,尽可能避免主客观单一赋权带来的不足,采用 DEMATEL-CRITIC 组合赋权法确定各项评价指标的权重系数,从而实现主观评价和客观规律的综合度量。

DEMATEL(Decision Making Trial and Evaluation Laboratory)方法又称决策试验和评价实验室,是由美国 Bottelle 研究所提出的一种用以研究解决错综复杂影响因素的方法[28,29]。DEMATEL 法依据图论和矩阵论能够有效地识别因素之间的相互关系,分析评估标准重要性和因果关系[30,31],在研究主导系统因素之间的交互影响[32,33]及权重确定[34]等问题上得到了广泛的运用。该方法通过分析主导影响因素,确定各影响因素间的直接影响矩阵,计算各因素的被影响度及其他因素的影响度,通过计算中心度和原因度确定权重。DE-MATEL 法建模概况如下:

(1)建立直接影响矩阵。通过专家学者打分确定各因素之间的影响程度值 $b_{ij}$,构建直接影响矩阵 $\boldsymbol{B}$。

$$\boldsymbol{B}=(b_{ij})_{n\times n}=\begin{bmatrix} b_{11} & b_{12} & \cdots & b_{1n} \\ b_{21} & b_{22} & \cdots & b_{2n} \\ \vdots & \vdots & & \vdots \\ b_{n1} & b_{n2} & \cdots & b_{nn} \end{bmatrix} \tag{8-17}$$

采用 5 级标度,取 0~4 标度打分法,0 表示无影响,1 表示较小影响,2 表示一般影响,3 表示较大影响,4 表示非常大影响,对不同指标分别进行两两比较,确定各指标的直接影响矩阵 $\boldsymbol{B}$,其中,$b_{ii}=0$,$b_{ij}(i,j=1,2,\cdots,n)$表示第 $i$ 个指标对第 $j$ 个指标的影响程度。

(2)直接影响矩阵归一化,计算规范直接矩阵 $\boldsymbol{Y}$。

$$\boldsymbol{Y}=(y_{ij})_{n\times n}=\cfrac{\boldsymbol{B}}{\max\left\{\max\limits_{1\leqslant i\leqslant n}\sum\limits_{j=1}^{n}b_{ij},\quad \max\limits_{1\leqslant j\leqslant n}\sum\limits_{i=1}^{n}b_{ij}\right\}} \tag{8-18}$$

(3)计算综合影响矩阵 $\boldsymbol{T}$。

$$\boldsymbol{T}=(t_{ij})_{n\times n}=\boldsymbol{Y}(\boldsymbol{I}-\boldsymbol{Y})^{-1} \tag{8-19}$$

式中,$\boldsymbol{I}$ 为单位矩阵,$(\boldsymbol{I}-\boldsymbol{Y})^{-1}$ 为 $\boldsymbol{I}-\boldsymbol{Y}$ 的逆矩阵;$t_{ij}$ 表示指标 $i$ 对指标 $j$ 的综合影响程度。

（4）计算影响度 $F_i$ 和被影响度 $E_j$。

$$F_i = (\sum_{j=1}^n t_{ij})_{n \times 1}, (i = 1, 2, \cdots, n) \tag{8-20}$$

$$E_j = (\sum_{i=1}^n t_{ij})_{1 \times n}, (j = 1, 2, \cdots, n) \tag{8-21}$$

式中，$F_i$ 表示指标 $i$ 对其他指标的总影响值；$E_j$ 表示指标 $j$ 受其他因素的总影响值。

（5）计算中心度 $M_j$ 和原因度 $N_j$。

$$M_j = F_i + E_j, (i = j = 1, 2, \cdots, n) \tag{8-22}$$

$$N_j = F_i - E_j, (i = j = 1, 2, \cdots, n) \tag{8-23}$$

其中，中心度 $M_j$ 表示指标 $j$ 在所有指标中的重要程度，中心度越大说明指标 $j$ 在系统中的重要性越突出。原因度 $N_j$ 表示指标 $j$ 与其他指标间的因果逻辑关系，当 $N_j > 0$ 时原因度越大说明指标 $j$ 对其他指标的影响越强，$j$ 为原因因素；当 $N_j < 0$ 表示该指标受其他指标的影响大，$j$ 为结果因素。

（6）确定权重。参考林晓华等[35]研究，指标权重 $\alpha_j$ 可以利用 DEMATEL 法的中心度 $M_j$ 和原因度 $N_j$ 确定。

$$\alpha_j = \frac{\sqrt{M_j^2 + N_j^2}}{\sum_{j=1}^n (\sqrt{M_j^2 + N_j^2})} \tag{8-24}$$

CRITIC 法（Criteria Importance Though Intercrieria Correlation）是由 Diakoulaki 等[36]提出的一种多标准决策的客观赋权法，对比强度和评价指标间冲突性是确定权重的关键[37]。对比强度用标准差来表示同一评价体系中各指标存在的差异，标准差越大指标差距越大；冲突性用指标间的线性相关系数来度量，如指标间具有较强的正相关，说明两指标之间冲突性较低。假设有 $m$ 个评价对象，$n$ 个评价指标，建立原始指标数据矩阵 $\boldsymbol{X} = (x_{ij})_{m \times n}$，其中 $x_{ij}$ 为第 $i$ 个评价对象第 $j$ 个指标所对应的原始数据，引入指标的变异系数 $v_j$ 确定各评价指标权重 $\lambda_j$。建模步骤如下：

1）无量纲化处理

为消除因不同量纲对计算结果的影响，采用极差标准化法对原始指标数据

矩阵 $X$ 进行归一化处理。

正向指标(越大越优型):

$$x_{ij}^* = \frac{x_{ij} - \min\limits_{1 \leqslant i \leqslant m}(x_{ij})}{\max\limits_{1 \leqslant i \leqslant m}(x_{ij}) - \min\limits_{1 \leqslant i \leqslant m}(x_{ij})} \quad (i=1,2,\cdots,m;j=1,2,\cdots,n) \quad (8-25)$$

逆向指标(越小越优型):

$$x_{ij}^* = \frac{\max\limits_{1 \leqslant i \leqslant m}(x_{ij}) - x_{ij}}{\max\limits_{1 \leqslant i \leqslant m}(x_{ij}) - \min\limits_{1 \leqslant i \leqslant m}(x_{ij})} \quad (i=1,2,\cdots,m;j=1,2,\cdots,n) \quad (8-26)$$

2) 计算指标变异系数

$$v_j = \frac{s_j}{\bar{x}_j}(j=1,2,\cdots,n) \tag{8-27}$$

式中,$v_j$ 为第 $j$ 个指标的变异系数;$\bar{x}_j$ 为第 $j$ 个指标均值;$s_j$ 为第 $j$ 个指标的标准差。其中,

$$\bar{x}_j = \frac{1}{m}\sum_{i=1}^{m}x_{ij} \ (j=1,2,\cdots,n)$$

$$s_j = \sqrt{\frac{1}{m-1}\sum_{i=1}^{m}(x_{ij}-\bar{x}_j)^2} \ (j=1,2,\cdots,n)$$

3) 求相关系数矩阵 $\boldsymbol{R}=(r_{kj})_{n \times n}$

$$r_{kj} = \frac{\sum\limits_{k=1}^{n}(x_k^* - \overline{x_k^*})(x_j^* - \overline{x_j^*})}{\sqrt{\sum\limits_{k=1}^{n}(x_k^* - \overline{x_k^*})^2 \sum\limits_{j=1}^{n}(x_j^* - \overline{x_j^*})^2}} \tag{8-28}$$

式中,$r_{kj}$ 为第 $k$ 个指标和第 $j$ 个指标间的相关系数(第 $k,j$ 个指标数据间的皮尔逊相关系数);$\overline{x_k^*}$ 为第 $k$ 个指标均值,$k=1,2,\cdots,n$;$\overline{x_j^*}$ 为第 $j$ 个指标均值,$j=1,2,\cdots,n$。

4) 求量化系数

$$\eta_j = \sum_{k=1}^{n}(1-r_{kj}),j=1,2,\cdots,n \tag{8-29}$$

式中,$\eta_j$ 为第 $j$ 个指标与其他指标的冲突性量化系数;$r_{kj}$ 为评价指标 $k$ 和 $j$ 之

间的相关系数。

5）计算各评价指标的综合信息量

$$C_j = v_j \times \eta_j = v_j \sum_{k=1}^{n} (1 - r_{kj}), j = 1, 2, \cdots, n \tag{8-30}$$

6）确定各评价指标权重

$$\lambda_j = \frac{C_j}{\sum\limits_{j=1}^{n} C_j}, j = 1, 2, \cdots, n \tag{8-31}$$

将 DEMATEL 法计算得到的主观权重 $\alpha_j$ 和改进的 CRITIC 法得到的客观权重 $\lambda_j$ 作运算，采用"乘法"集成法计算组合权重 $\omega_j$。

$$\omega_j = \frac{\alpha_j \lambda_j}{\sum\limits_{j=1}^{n} \alpha_j \lambda_j}, j = 1, 2, \cdots, n \tag{8-32}$$

## 8.2.3  安全评价的复合云模型

基于复合云模型的倾倒变形体安全评价采用黄金分割法[38]和正态分布规律将不确定评价信息语言转化为云，然后根据 DEMATEL-CRITIC 组合权重自下而上逐层聚集评价指标的云滴构建多层次综合云，并比较分析综合云数字特征与之相邻的标准云期望值的贴近度。基于复合云模型的倾倒变形体安全评价流程如图 8-5。

构建科学、合理且完善的评价体系是保证倾倒变形体安全评价的关键。首先根据倾倒变形体的工程地质特征及安全监测，从变形、渗流、应力、水动力作用和巡库勘查等方面构建倾倒变形体安全评价指标体系。其中，倾倒变形体的水动力作用因素通过灰色分析方法获取。设 $K$ 为目标层，即倾倒变形体安全评价综合值。$K$ 表示一级评价指标 $K_i$ 的集合，可以表示为 $K = \{K_1, K_2, \cdots, K_i\}$。$K_i$ 表示二级评价指标 $K_{ij}$ 的集合，可以表示为 $K_i = \{K_{i1}, K_{i2}, \cdots, K_{ij}\}$；$K_{ij}$ 表示三级指标 $K_{iju}$ 的集合，可以表示为 $K_{ij} = \{K_{ij1}, K_{ij2}, \cdots, K_{iju}\}$。其中，$K_i$ 表示第 $i$ 个一级指标；$K_{ij}$ 表示第 $i$ 个一级指标中的第 $j$ 个二级指标；$K_{iju}$ 表示第 $i$ 个一级指标中第 $j$ 个二级指标的第 $u$ 个三级指标。

参照规范，将倾倒变形体安全等级划分为非常安全、安全、基本安全、危险、

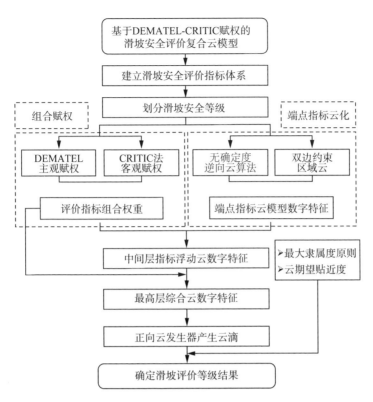

图 8-5　基于复合云模型的倾倒变形体安全评价流程图

非常危险五级。为了让每个安全等级之间的评语值区间尽量均衡,采用黄金分割法生成 $s$ 朵云表示语言评价值[39]。传统评语值将语言评价值转化为定量数值时只考虑了决策信息的模糊性,而云模型既兼顾随机性和模糊性又提高转换准确性,评价结果也更符合实际。设有效论域 $U=[X_{\min},X_{\max}]$,利用黄金分割法生成 $n$ 朵正态云,令中间 $C_0(Ex_0,En_0,He_0)$ 为完整云,表示对应中等评价;$C_0$ 相邻云为半降云与半升云,分别表示较差和较好评价。以 5 朵云为例,参数计算如下表所示。

表 8-15　黄金分割法的云模型参数计算

| 云 | $Ex$ | $En$ | $He$ |
|---|---|---|---|
| $C_{+2}(Ex_{+2},En_{+2},He_{+2})$ | $X_{\max}$ | $En_{+1}/0.618$ | $He_{+1}/0.618$ |
| $C_{+1}(Ex_{+1},En_{+1},He_{+1})$ | $Ex_0+0.382\times(X_{\max}+X_{\min})/2$ | $0.382\times(X_{\max}-X_{\min})/6$ | $He_0/0.618$ |
| $C_0(Ex_0,En_0,He_0)$ | $(X_{\max}+X_{\min})/2$ | $0.618En_{-1}$ | 给定 $He_0$ |

续表

| 云 | $Ex$ | $En$ | $He$ |
|---|---|---|---|
| $C_{-1}(Ex_{-1},En_{-1},He_{-1})$ | $Ex_0-0.382\times(X_{\max}+X_{\min})/2$ | $0.382\times(X_{\max}-X_{\min})/6$ | $He_0/0.618$ |
| $C_{-2}(Ex_{-2},En_{-2},He_{-2})$ | $X_{\min}$ | $En_{-1}/0.618$ | $He_{-1}/0.618$ |

定义有效论域为 $U=[0,1]$ 和 $He_0=0.010$，利用表 8-15 的计算公式得标准云模型的数字特征结果如表 8-16 所示。倾倒变形体安全状态对应的云模型数字特征利用正向云发生器生成云滴，将定性知识转化为定量表示。绘制倾倒变形体安全评价云图如图 8-6 所示。

表 8-16　倾倒变形体安全状态定义及云模型数字特征

| 安全状态 | 非常安全 | 安全 | 基本安全 | 危险 | 非常危险 |
|---|---|---|---|---|---|
| 符号 | Ⅰ | Ⅱ | Ⅲ | Ⅳ | Ⅴ |
| 云模型参数 | (1.000,0.104,0.026) | (0.691,0.064,0.016) | (0.500,0.039,0.010) | (0.309,0.064,0.016) | (0,0.104,0.026) |

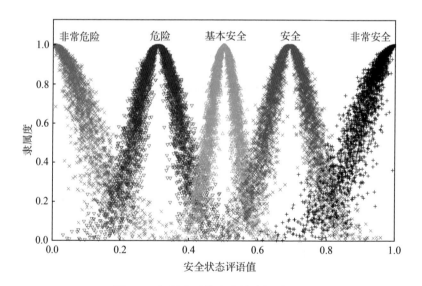

图 8-6　倾倒变形体安全状态级别云图

根据相关研究成果[40,41]及对倾倒变形体监测资料的分析、工程类比，得到巡库勘查指标的安全性分级标准如表 8-17 所示。巡库勘查评价指标为逆向评价指标，给以论域[0,1]，根据倾倒变形体等级等距划分对定性指标进行取值。

根据 DEMATEL 法和 CRITIC 法分别计算主观权重和客观权重,并运用"乘法"集成法计算指标组合权重。

在进行倾倒变形体安全云模型评价时,根据端点指标的评语值选取合适的云模型转换方式,转换为综合评价的统一形式,即将端点指标评语值转换为 $U=[X_{\min},X_{\max}]$ 内。由于评价指标评语值有定量数值、定性描述以及区间值等多种类型,如监测仪器所测得的数据是动态变化的定量数值,专家评语属于定性描述,不同类型的评语值选取不同的转换方式。

表 8-17  巡库勘查安全状态分级标准

| 项目 | | 倾倒变形体安全级别 | | | | |
| --- | --- | --- | --- | --- | --- | --- |
| | | Ⅰ | Ⅱ | Ⅲ | Ⅳ | Ⅴ |
| 巡库勘查 | 裂缝分布发育 | 无分布 | 零星分布 | 中等发育 | 连通 | 贯通深切 |
| | 临水塌岸 | 无 | 较轻 | 中等 | 较严重 | 严重 |
| | 上部变形 | 无 | 零星分布 | 局部发育 | 发育 | 垮塌严重 |
| | 监测设备损坏 | 无 | 较少 | 中等 | 较多 | 超量程损毁 |

评语值为定量数值的云模型转换。倾倒变形体监测数据具有动态变化发展的特征,采用逆向云发生器可以将定量数值的监测数据转换为定性概念的数字特征 $(Ex,En,He)$,这些定量数据可以体现云滴整体。针对监测数据时序,采用王国胤等[20]的无确定度逆向云算法,对数据样本采样分组,根据各组数据的标准差估计值实现其他参数的估计,最后根据公式求出 $En$ 与 $He$ 的估计值,计算底端评价指标的数字特征 $(Ex,En,He)$。具体算法如下:

输入:$n$ 个云滴的定量监测数据及云滴分组数 $m$;

①根据 $Ex=E(X)$ 得到 $Ex$ 的估计值,$\hat{Ex}=\dfrac{1}{n}\sum\limits_{i=1}^{n}x_i$;

②将 $n$ 个云滴定量监测数据分为 $m$ 组,每组 $r$ 个数据,$x_{ij}$ 表示第 $i$ 组的第 $j$ 个数据 $(i=1,2,\cdots,m.\ j=1,2,\cdots,r)$;

③计算每组数据的方差 $y_i^2=\dfrac{1}{r-1}\sum\limits_{j=1}^{r}(x_{ij}-\overline{x_i})^2$,求出 $y_i^2$,$\overline{x_i}$ 表示第 $i$ 组数据的均值;

④根据 $\hat{E}(Y^2)=\dfrac{1}{m}\sum\limits_{i=1}^{m}y_i^2$ 求出 $E(Y^2)$ 的估计值 $\hat{E}(Y^2)$;

⑤根据 $\hat{D}(Y^2)=\dfrac{1}{m-1}\sum\limits_{i=1}^{m}[y_i^2-\hat{E}(Y^2)]^2$ 求出 $D(Y^2)$ 的估计值 $\hat{D}(Y^2)$;

⑥根据 $\hat{En}=\left\{[\hat{E}(Y^2)]^2-\dfrac{\hat{D}(Y^2)}{2}\right\}^{\frac{1}{4}}$ 求出 $En$ 的估计值 $\hat{En}$；

⑦根据 $\hat{He}=\left\{\hat{E}(Y^2)-\left([\hat{E}(Y^2)]^2-\dfrac{\hat{D}(Y^2)}{2}\right)^{\frac{1}{2}}\right\}^{\frac{1}{2}}$ 求出 $He$ 的估计值 $\hat{He}$；

输出：数据样本的期望 $Ex$，熵 $En$ 和超熵 $He$。

评语值为区间数值的云模型转换。倾倒变形体评价中的定性指标根据表 8-17 选取定性描述所对应的区间数值，如 $[X'_{min},X'_{max}]$ 具有上下界的定量变量，采用区间中值作为云模型的期望。利用双边约束区域的云模型计算倾倒变形体评价指标等级界限云模型的期望值 $Ex=(X'_{max}+X'_{min})/2$、熵 $En=(X'_{max}-X'_{min})/6$ 和超熵 $He=k$（$k$ 为常数，一般根据实际情况或评价指标的不确定程度来确定）。

考虑到各评价指标的权系数不尽相同，须用权重对虚拟云计算公式进行改进以体现各评价指标的不同影响。对于论域空间内的概念稀疏问题以及知识的表达归纳问题，对于第 $a$ 层（除最高层）的云模型参数应用虚拟云中的浮动云算法，对各组评价指标进行云模型综合计算。设评价指标集为 $K_{ij}=\{K_{ij1},K_{ij2},\cdots,K_{iju}\}$，基云 $(Ex_{ij1},En_{ij1},He_{ij1})$，$(Ex_{ij2},En_{ij2},He_{ij2})$，$\cdots$，$(Ex_{iju},En_{iju},He_{iju})$，权重矩阵为 $(\omega_1,\omega_2,\cdots,\omega_u)$，则浮动云计算公式为：

$$Ex_{ij}=\frac{\sum\limits_{u=1}^{n}Ex_{iju}\omega_u}{\sum\limits_{u=1}^{n}\omega_u}$$

$$En_{ij}=\frac{\sum\limits_{u=1}^{n}En_{iju}\omega_u^2}{\sum\limits_{u=1}^{n}\omega_u^2}$$

$$He_{ij}=\frac{\sum\limits_{u=1}^{n}He_{iju}\omega_u^2}{\sum\limits_{u=1}^{n}\omega_u^2} \tag{8-33}$$

式中，$Ex_{ij}$，$En_{ij}$，$He_{ij}$ 分别表示该层评价云的数字特征（期望、熵以及超熵）；$Ex_{iju}$，$En_{iju}$，$He_{iju}$ 分别表示第 $u$ 项指标的评价云数字特征；$\omega_u$ 为第 $u$ 个评价指标的权重。

对于最高层的云模型参数采用综合云,综合云将两个及两个以上的基云进行综合生成新云。将指标权重对综合云公式进行改进,求出最后评价结果的云模型参数。设评价指标集为 $K = \{K_1, K_2, \cdots, K_i\}$,基云 $(Ex_1, En_1, He_1)$, $(Ex_2, En_2, He_2), \cdots, (Ex_i, En_i, He_i)$,权重矩阵为 $(\omega_1, \omega_2, \cdots, \omega_i)$,综合云计算公式为:

$$Ex = \frac{\sum_{i=1}^{n} Ex_i En_i \omega_i}{\sum_{i=1}^{n} En_i \omega_i}$$

$$En = \sum_{i=1}^{n} En_i \omega_i$$

$$He = \frac{\sum_{i=1}^{n} He_i En_i \omega_i}{\sum_{i=1}^{n} En_i \omega_i} \tag{8-34}$$

式中,$Ex$,$En$,$He$ 分别表示最高层评价云的数字特征(期望、熵以及超熵);$Ex_i$,$En_i$,$He_i$ 分别表示第 $i$ 项一级指标的评价云数字特征;$\omega_i$ 为第 $i$ 个评价指标的权重。

云模型的最终评价结果是一个以云参数形式表示的数学模型,为了使构建的评价指标综合云所得结果更加直观,采用最大隶属度初判倾倒变形体安全的最终等级。鉴于评价结果的相似性,仅利用评价云图无法准确判别倾倒变形体安全等级,可通过计算综合云等级与标准云的贴近度[42]来确定。贴近度越大,倾倒变形体综合云等级越接近对应标准云等级。

$$T = \frac{1}{|Ex - \overline{Ex}|} \tag{8-35}$$

式中,$T$ 为综合云等级的贴近度,$Ex$ 为综合云期望,$\overline{Ex}$ 为标准云期望。

基于黄登水电站 1$^\#$ 倾倒变形体的安全监测资料,对倾倒变形体 2017 年 7 月至 2020 年 8 月的安全状态进行评价研究,选取滑坡上安装质量较好、数据可信度较高的监测仪器构成了多层次安全评级体系,主要包含变形、渗流、应力、水动力作用和巡库勘查等五个一级指标及其对应的二、三级指标,具体如图 8-7。其中,巡库勘查评价指标为逆向(越小越好)评价指标,给以论域[0,1],

按滑坡等级分为 $[0,0.2],(0.2,0.4],(0.4,0.6],(0.6,0.8],(0.8,1]$，根据安全级别的划分对定性指标进行取值，其结果如表 8-18。

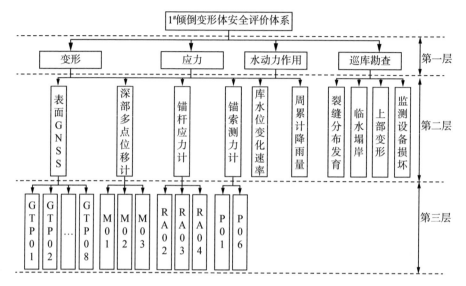

图 8-7　倾倒变形体安全评价指标体系

表 8-18　巡库勘查指标取值

| 裂缝 | 临水塌岸 | 上部变形 | 监测设备损坏 |
|---|---|---|---|
| 中等发育 | 中等 | 局部发育 | 较少 |
| 0.6 | 0.6 | 0.5 | 0.4 |

假设第一层的评价指标集 $K = \{K_1, K_2, \cdots, K_i\}$，第二层的评价指标集 $K_i = \{K_{i1}, K_{i2}, \cdots, K_{ij}\}$，第三层的评价指标集 $K_{ij} = \{K_{ij1}, K_{ij2}, \cdots, K_{iju}\}$；DEMATEL 法主观权重分别为 $\alpha_i, \alpha_{ij}, \alpha_{iju}$；CRITIC 法主观权重分别为 $\lambda_i, \lambda_{ij}, \lambda_{iju}$；DEMATEL-CRITIC 法组合权重分别为 $\omega_i, \omega_{ij}, \omega_{iju}$。对评价体系各评价指标进行 DEMATEL-CRITIC 组合权重计算，自下而上逐层集结，得到第一层各评价指标的权重结果。以变形监测指标为例，组合权重计算结果如表 8-19 所示。

表 8-19　变形监测指标的 DEMATEL-CRITIC 权重

| 第一层指标权重 | | | | 第二层指标权重 | | | | 第三层指标权重 | | | |
|---|---|---|---|---|---|---|---|---|---|---|---|
| 指标 | $\alpha_i$ | $\lambda_i$ | $\omega_i$ | 指标 | $\alpha_{ij}$ | $\lambda_{ij}$ | $\omega_{ij}$ | 指标 | $\alpha_{iju}$ | $\lambda_{iju}$ | $\omega_{iju}$ |
| 变形 | 0.217 0 | 0.208 0 | 0.225 4 | GNSS监测 | 0.550 0 | 0.438 5 | 0.488 4 | GTP01 | 0.155 0 | 0.176 9 | 0.191 2 |
| | | | | | | | | GTP02 | 0.151 0 | 0.137 0 | 0.144 2 |
| | | | | | | | | GTP03 | 0.130 1 | 0.132 5 | 0.120 2 |
| | | | | | | | | GTP04 | 0.101 1 | 0.145 9 | 0.102 9 |
| | | | | | | | | GTP06 | 0.194 3 | 0.142 2 | 0.192 7 |
| | | | | | | | | GTP07 | 0.132 0 | 0.122 8 | 0.113 0 |
| | | | | | | | | GTP08 | 0.136 4 | 0.142 8 | 0.135 8 |
| | | | | 多点位移计监测 | 0.450 0 | 0.561 5 | 0.511 6 | M01 | 0.370 6 | 0.317 8 | 0.352 1 |
| | | | | | | | | M02 | 0.250 8 | 0.328 2 | 0.246 1 |
| | | | | | | | | M03 | 0.379 6 | 0.354 0 | 0.401 8 |

根据倾倒变形体安全评价体系,对该体系的底端指标的监测值进行云模型转化。端点评价指标分为定量和定性评语值,对于监测值采用无确定度逆向云模型算法计算底端评价指标的数字特征,对于巡库勘查的定性评语值采用双边约束区域的云模型计算参数,并利用虚拟云中的浮动云公式和组合权重对第三层、第二层的评价指标进行云模型综合计算。第一层各评价指标的云模型参数计算结果如表 8-20～表 8-24。

表 8-20　变形监测云模型参数

| 第一层指标 | 云模型数字特征 | 第二层指标 | 云模型数字特征 | 组合权重 | 底端指标 | 云模型数字特征 | 组合权重 |
|---|---|---|---|---|---|---|---|
| 变形 | (0.598 8, 0.065 3, 0.009 1) | GNSS监测 | (0.502 8, 0.074 1, 0.009 3) | 0.488 4 | GTP01 | (0.555 4, 0.111 4, 0.009 4) | 0.191 2 |
| | | | | | GTP02 | (0.475 0, 0.057 0, 0.012 2) | 0.144 2 |
| | | | | | GTP03 | (0.414 5, 0.051 8, 0.011 9) | 0.120 2 |
| | | | | | GTP04 | (0.461 2, 0.068 4, 0.014 5) | 0.102 9 |
| | | | | | GTP06 | (0.577 8, 0.041 7, 0.005 5) | 0.192 7 |
| | | | | | GTP07 | (0.455 3, 0.103 3, 0.011 1) | 0.113 0 |
| | | | | | GTP08 | (0.500 7, 0.084 8, 0.007 6) | 0.135 8 |
| | | 多点位移计 | (0.690 6, 0.057 3, 0.008 9) | 0.511 6 | M01 | (0.608 4, 0.060 3, 0.010 1) | 0.352 1 |
| | | | | | M02 | (0.607 0, 0.070 1, 0.006 1) | 0.246 1 |
| | | | | | M03 | (0.813 8, 0.050 2, 0.009 1) | 0.401 8 |

### 表 8-21 渗压监测云模型参数

| 第一层指标 | 云模型数字特征 | 第二层指标 | 云模型数字特征 | 组合权重 | 底端指标 | 云模型数字特征 | 组合权重 |
|---|---|---|---|---|---|---|---|
| 渗压 | (0.441 0, 0.065 5, 0.011 1) | GNSS监测 | (0.441 0, 0.065 5, 0.011 1) | 1.000 0 | P02 | (0.410 8,0.071 2,0.013 8) | 0.451 5 |
| | | | | | P04 | (0.465 8,0.061 6,0.009 2) | 0.548 5 |

### 表 8-22 应力云模型参数

| 第一层指标 | 云模型数字特征 | 第二层指标 | 云模型数字特征 | 组合权重 | 底端指标 | 云模型数字特征 | 组合权重 |
|---|---|---|---|---|---|---|---|
| 应力 | (0.554 5, 0.085 5, 0.010 9) | 锚杆应力计 | (0.483 7, 0.049 6, 0.009 1) | 0.524 0 | RA02 | (0.514 3,0.059 8,0.013 6) | 0.229 4 |
| | | | | | RA03 | (0.346 1,0.039 5,0.007 5) | 0.392 5 |
| | | | | | RA04 | (0.608 1,0.056 7,0.009 1) | 0.378 1 |
| | | 锚索测力计 | (0.632 4, 0.129 1, 0.013 2) | 0.476 0 | PR01 | (0.682 0,0.091 3,0.017 9) | 0.432 6 |
| | | | | | PR06 | (0.594 6,0.151 0,0.010 5) | 0.567 4 |

### 表 8-23 水动力作用云模型参数

| 指标 | 云模型数字特征 | 底端指标 | 云模型数字特征 | 组合权重 |
|---|---|---|---|---|
| 水动力作用 | (0.636 2, 0.058 9, 0.007 6) | 库水位变化速率 | (0.581 8,0.036 1,0.006 9) | 0.545 9 |
| | | 周累计降雨量 | (0.701 4,0.091 6,0.008 5) | 0.454 1 |

### 表 8-24 巡库勘查云模型参数

| 指标 | 云模型数字特征 | 底端指标 | 云模型数字特征 | 组合权重 |
|---|---|---|---|---|
| 巡库勘查 | (0.441 4, 0.033 3, 0.010 0) | 裂缝分布发育 | (0.500 0,0.033 3,0.010 0) | 0.246 4 |
| | | 临水塌岸 | (0.500 0,0.033 3,0.010 0) | 0.233 6 |
| | | 上部变形 | (0.500 0,0.033 3,0.010 0) | 0.226 8 |
| | | 监测设备损坏 | (0.300 0,0.033 3,0.010 0) | 0.293 2 |

利用虚拟云中的综合云公式和组合权重对第一层评价指标进行云模型计算,求出 $1^\#$ 倾倒变形体综合云数字特征:$Ex = 0.549\ 5, En = 0.063\ 2, He = 0.009\ 8$。由于 $He/En = 0.16$ 比值较小,表明云滴分布较集中,评价结果与实际状态的偏离程度较小,可信度较高。将综合云的数字特征利用正向云发生器进行 5 000 次正态随机模拟产生云滴,得到相应的倾倒变形体安全等级云滴分布图如图 8-8。而综合云中心值与标准云的贴近度计算结果如表 8-25,记倾倒变形体安全评价综合云中心值 $Ex$ 与 II 级标准云中心值的贴近度 $T^-$,与 III 级标准云中心值的贴近度 $T^+$。

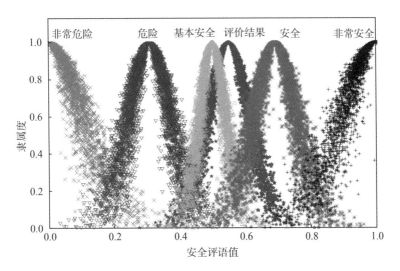

图 8-8　1#倾倒变形体安全评价结果云滴分布图

表 8-25　综合云与标准云中心值贴近度

| 综合云数字特征 | $Ex$ 值 | 贴近度 $T^-$ | 贴近度 $T^+$ | 安全等级 | 安全状态 |
|---|---|---|---|---|---|
| (0.549 5,0.063 2,0.009 8) | 0.549 5 | 7.067 1 | 20.2020 | Ⅲ级 | 基本安全 |

从云滴的分布情况上看,综合云的跨度和厚度大于标准云,说明评价结果具有一定模糊性和随机性。综合云位于Ⅱ级和Ⅲ级两个标准等级之间,根据贴近度计算结果,贴近度越大,倾倒变形体安全评价综合云越靠近此标准云。由此可知,安全等级可评定为Ⅲ级,处于基本安全。结合改进的 D-S 证据理论和复合云模型安全评价分析,综合评定黄登水电站 1# 倾倒变形体处于基本安全状态,安全裕度不大,仍需进一步加强安全监测工作,开展预警防控和风险管理。

# 参考文献

［1］花胜强，胡少英，罗孝兵，等. 大坝位移监测中的粗差剔除方法［J］. 水力发电，2017，43(9)：110-112.

［2］ZHANG X，LI J. Treatment of errors in dam safety monitoring data［C］//IOP Conference Series：Earth and Environmental Science，2019，304：042021.

［3］SUN J，LIU B，CHU Z，et al. Tunnel collapse risk assessment based on multistate fuzzy Bayesian networks［J］. Quality and Reliability Engineering International，2018，34(8)：1646-1662.

［4］ZHANG Y，GAO L. Sensor-networked underwater target tracking based on Grubbs criterion and improved particle filter algorithm［J］. IEEE Access，2019，7：142894-142906.

［5］JING J，SUN L，FAN Z，et al. Outlier detection and sequence reconstruction in continuous time series of ocean observation data based on difference analysis and the Dixon criterion［J］. Limnology and Oceanography：Methods，2017，15(11)：916-927.

［6］王光远. 未确知信息及其数学处理［J］. 哈尔滨建筑工程学院学报，1990，23(4)：1-9.

［7］王清印，刘志勇. 不确定性信息的概念、类别及其数学表述［J］. 运筹与管理，2001，10(4)：9-15.

［8］张东梅. 基于安全监测信息的岩石高边坡位移时序预测研究［D］. 南京：河海大学，2014.

［9］黄红女，华锡生，宋小刚. 土石坝监测数据的未确知滤波［J］. 长江科学院院报，2006，23(3)：32-35.

[10] 黄红女. 土石坝安全测控理论与技术的研究及应用[D]. 南京：河海大学，2005.

[11] BARNSLEY M F. Fractal functions and interpolation[J]. Constructive Approximation，1986，2(1)：303-329.

[12] 谢龙汉，尚涛. SPSS 统计分析与数据挖掘[M]. 北京：电子工业出版社，2012.

[13] 郭子正，殷坤龙，黄发明，等. 基于地表监测数据和非线性时间序列组合模型的滑坡位移预测[J]. 岩石力学与工程学报，2018，37(S1)：3392-3399.

[14] 徐峰，汪洋，杜娟，等. 基于时间序列分析的滑坡位移预测模型研究[J]. 岩石力学与工程学报，2011，30(4)：746-751.

[15] ZHOU Z，ZHANG J，PENG J. The application of wavelet analysis and support vector machine coupling model in displacement prediction of landslide[J]. Electronic Journal of Geotechnical Engineering，2015，20(16)：6823-6833.

[16] 姜振翔，徐镇凯，魏博文. 基于小波分解和支持向量机的大坝位移监控模型[J]. 长江科学院院报，2016，33(1)：43-47.

[17] 赵鲲鹏. 基于 EMD 分解和 ABC-RBF 模型的混凝土平板坝变形监测模型[J]. 三峡大学学报(自然科学版)，2015，37(4)：29-33.

[18] 张凯，张科，保瑞，等. 基于优化经验模态分解和聚类分析的滑坡位移智能预测研究[J]. 岩土力学，2021，42(1)：211-223.

[19] 李德毅，孟海军，史雪梅. 隶属云和隶属云发生器[J]. 计算机研究与发展，1995(6)：15-20.

[20] 王国胤，李德毅，姚一豫，等. 云模型与粒计算[M]. 北京：科学出版社，2012.

[21] LI D，CHEUNG D，SHI X，et al. Uncertainty reasoning based on cloud models in controllers[J]. Computers & Mathematics with Applications，1998，35(3)：99-123.

[22] 徐飞. 基于安全监测的岩石高边坡评价研究及应用[D]. 南京：河海大学，2010.

[23] HAYATI E，MAJNOUNIAN B，Abdi E，et al. An expert-based ap-

proach to forest road network planning by combining Delphi and spatial multi-criteria evaluation[J]. Environmental Monitoring and Assessment, 2013, 185(2): 1767-1776.

[24] 赵国彦, 邱菊, 赵源, 等. 金属矿绿色开采评价指标体系及组合赋权法研究[J]. 安全与环境学报, 2020, 20(6): 2309-2316.

[25] BASU T, PAL S. A GIS-based factor clustering and landslide susceptibility analysis using AHP for Gish River Basin, India[J]. Environment, Development and Sustainability, 2020, 22(5): 4787-4819.

[26] 陈舞, 张国华, 王浩, 等. 基于粗糙集条件信息熵的山岭隧道坍塌风险评价[J]. 岩土力学, 2019, 40(9): 3549-3558.

[27] 孙林柱, 杨芳. 住宅小区建筑设计方案评价的灰色关联法[J]. 土木工程学报, 2003, (3): 25-29.

[28] GABUS A, FONTELA E. Perceptions of the world problematique: communication procedure[J]. Communicating with Those Bearing Collective Responsibility, 1973, 1.

[29] DALVI-ESFAHANI M, NIKNAFS A, KUSS D J, et al. Social media addiction: applying the DEMATEL approach[J]. Telematics and Informatics, 2019, 43: 101250.

[30] TZENG G H, CHIANG C H, LI C W. Evaluating intertwined effects in e-learning programs: a novel hybrid MCDM model based on factor analysis and DEMATEL[J]. Expert Systems with Applications, 2007, 32(4): 1028-1044.

[31] HSU C, KUO T, CHEN S, et al. Using DEMATEL to develop a carbon management model of supplier selection in green supply chain management[J]. Journal of Cleaner Production, 2013, 56: 164-172.

[32] BAI C, SARKIS J. A grey-based DEMATEL model for evaluating business process management critical success factors[J]. International Journal of Production Economics, 2013, 146(1): 281-292.

[33] TSAI S, ZHOU J, GAO Y, et al. Combining FMEA with DEMATEL models to solve production process problems[J]. Plos one, 2017, 12(8): eo183634.

[34] MAO S，HAN Y，DENG Y，et al. A hybrid DEMATEL-FRACTAL method of handling dependent evidences[J]. Engineering Applications of Artificial Intelligence，2020，91：103543.

[35] 林晓华，冯毅雄，谭建荣，等. 基于改进 DEMATEL-VIKOR 混合模型的产品概念方案评价[J]. 计算机集成制造系统，2011，17(12)：2552-2561.

[36] DIAKOULAKI D，MAVROTAS G，PAPAYANNAKIS L. Determining objective weights in multiple criteria problems：the critic method [J]. Computers & Operations Research，1995，22(7)：763-770.

[37] ABDEL-BASSET M，MOHAMED R. A novel plithogenic TOPSIS-CRITIC model for sustainable supply chain risk management[J]. Journal of Cleaner Production，2020，247：119586.

[38] ROLZ C，MATA-ALVAREZ J. Use of the golden section search method to estimate the parameters of the MONOD model employing spreadsheets[J]. World Journal of Microbiology and Biotechnology，1992，8(4)：439-445.

[39] 齐春泽，代文锋. 基于云模型的城市灾害应急能力评价[J]. 统计与决策，2019，35(4)：41-45.

[40] 梁桂兰，徐卫亚，谈小龙. 基于熵权的可拓理论在岩体质量评价中的应用[J]. 岩土力学，2010，31(2)：535-540.

[41] LIU Z，SHAO J，XU W，et al. Prediction of rock burst classification using the technique of cloud models with attribution weight[J]. Natural Hazards，2013，68：549-568.

[42] 李江龙，樊燕燕，李子奇. 基于熵权-云模型的城市群综合承灾度评价[J]. 中国安全生产科学技术，2020，16(7)：48-54.